Sébastien Tatangirafeno

**Les langoustes de la presqu'île de Masoala (Nord-est de Madagascar)**

AF004572

Sébastien Tatangirafeno

# Les langoustes de la presqu'île de Masoala (Nord-est de Madagascar)

Bioécologie et étude de la pêcherie

Éditions universitaires européennes

**Imprint**
Any brand names and product names mentioned in this book are subject to trademark, brand or patent protection and are trademarks or registered trademarks of their respective holders. The use of brand names, product names, common names, trade names, product descriptions etc. even without a particular marking in this work is in no way to be construed to mean that such names may be regarded as unrestricted in respect of trademark and brand protection legislation and could thus be used by anyone.

Cover image: www.ingimage.com

Publisher:
Éditions universitaires européennes
is a trademark of
Dodo Books Indian Ocean Ltd., member of the OmniScriptum S.R.L Publishing group
str. A.Russo 15, of. 61, Chisinau-2068, Republic of Moldova Europe
Printed at: see last page
**ISBN: 978-3-8416-6254-5**

Copyright © Sébastien Tatangirafeno
Copyright © 2015 Dodo Books Indian Ocean Ltd., member of the OmniScriptum S.R.L Publishing group

# *AVANT PROPOS*

*Qu'il nous soit permis d'exprimer ici nos plus sincères remerciements à tous ceux qui ont contribué, de près ou de loin au bon déroulement de notre recherche à Maroantsetra, Mananara, Antalaha et à la réalisation de ce mémoire de DEA.*

*Monsieur Gérard LASSERE, Professeur à l'Université de Montpellier II, qui a bien voulu présider la soutenance. Je voudrais aussi lui remercier pour toutes les corrections et les recommandations prodigues au cours de la rédaction.*

*J'adresse mes vifs remerciements à Monsieur MARA Edouard REMANEVY, Maître de Conférence, Enseignant Chercheur à l'Institut Halieutique et des Sciences Marines (IH.SM) de l'Université de Toliara qui a consacré ses précieux moments sur le terrain, à la lecture et aux corrections jusqu'à la finalisation de ce document.*

*Mes remerciements vont aussi à Monsieur James MACKINNON, Maître de Conférence, Conseiller Technique Principal WCS/CAP Masoala, qui nous a permis de bénéficier d'une bourse de recherche, objet du présent travail.*

*Je tiens aussi à exprimer ma profonde gratitude envers :*
*Monsieur MAN WAÏ RABENEVANANA, Maître de Conférence, Directeur de l'Institut Halieutique et des Sciences Marines qui nous a prodigué des précieux conseils et directives pour mener à terme ce travail.*

*Monsieur Emmanuel Robert RAJAONARISON, Directeur de l'Association Nationale pour la Gestion des Aires Protégées (ANGAP)/CAP Masoala qui a mobilisé tous les moyens personnels et logistiques disponibles pour la réalisation de ce travail.*

*Monsieur JAOMANANA, Ingénieur Halieute, Chef de Volet Conservation et Recherches Finalisées Marines des Parcs Marins de Masoala, qui nous a donné tous les besoins matériels et appuis techniques sur le terrain durant nos séjours dans la Presqu'île.*

*Tous les enseignants qui ont garantie notre formation académique à l'IH.SM. Ce travail est l'aboutissement de vos efforts continués.*

*Je tiens également à remercier :*
*Messieurs Jean Fortunat TOTO, Victor BABA et Gérard MENA, Responsables respectivement des Parcs Marins Tanjona, Masoala et Tampolo ainsi que les Agents de Conservation et d'Education (ACE) pour leurs accueils chaleureux.*

*Monsieur Rolland GOSINARY Camon, Chef de Service Régional de la Pêche et des Ressources Halieutiques de la Région SAVA (Sambava-Antalaha-Vohémar-Andapa), Madame Josiane SOAMINA et tous les présidents de Fokontany qui ont bien voulu consacrer une partie de leur temps à nous répondre et faciliter les enquêtes sur terrain.*

*Tous mes amis pêcheurs en particulier DONAT, JORSEN, JAPANE, MARIO ainsi que les familles qui m'ont hébergé durant mes séjours dans la Presqu'île.*

*Monsieur Thierry LAVITRA, Etudiant en formation Doctorale à l'IH.SM qui a apporté son savoir faire pour améliorer le contenu de ce travail*

*Les équipes de la Cellule des Océanographes de l'Université de Tuléar (COUT), en particulier Docteur JARISOA TSARAHEVITRA, les collègues et amis qui nous ont montré un esprit d'équipe et apporté des encouragements.*

*Ma famille qui m'a toujours soutenu et encouragé.*

*A toutes et à tous, « MERCI ».*

# TABLE DES MATIERES

*Page*

INTRODUCTION .................................................................................. 08

I- GENERALITES ................................................................................. 11

A- PECHERIE LANGOUSTIERE ......................................................... 11
A.1- Situation de la pêcherie langoustière mondiale ............................. 11
A.2- Pêcherie langoustière malgache ..................................................... 12
A.3- Textes réglementaires agissant sur la pêcherie .............................. 13

B- PRÉSENTATION DE LA ZONE D'ÉTUDE .................................... 14
B.1- Situation géographique .................................................................. 14
B.2- Conditions climatiques .................................................................. 14
B.3- Contextes socio-économiques ....................................................... 17
B.4- Caractéristiques du littoral ............................................................. 18
B.5- Courants marins ............................................................................. 19

C- MONOGRAPHIE DES PARCS MARINS ....................................... 20
C.1- Raison de la création des Parcs Marins du CAP Masoala ............. 20
C.2- Parcs Marins .................................................................................. 20
    C.2.1- Parc Marin Tampolo ............................................................. 20
    C.2.2- Parc Marin Ambodilaitry ...................................................... 21
    C.2.3- Parc Marin Tanjona .............................................................. 21
    C.2.4- Zonage des récifs des Parcs Marins ..................................... 21

II- MATERIEL ET METHODES ........................................................... 23

A- MATERIEL BIOLOGIQUE .............................................................. 23
A.1- Morphologie .................................................................................. 23
    A.1.1- Céphalothorax ...................................................................... 23
        A.1.1.1- Tête ............................................................................. 23
        A.1.1.2- Thorax ......................................................................... 24
    A.1.2- Abdomen .............................................................................. 24
A.2- Classification ................................................................................. 24
    A.2.1- Position systématique ........................................................... 24
    A.2.2- Clé de détermination ............................................................ 25
A.3- Mode de vie ................................................................................... 28
A.4- Maturité sexuelle ........................................................................... 28
A.5- Ponte et incubation ........................................................................ 29
A.6- Période d'incubation ...................................................................... 29
A.7- Cycle de reproduction ................................................................... 29

B- MÉTHODOLOGIE ............................................................................................. 30
B.1- Étude bio-écologique ....................................................................................... 31
    B.1.1- Paramètre physico-chimiques ..................................................................... 31
    B.1.2- Étude biométrique ....................................................................................... 32
    B.1.3- Étude de la répartition spatiale ................................................................... 33
B.2- Étude qualitative et quantitative de la pêcherie ................................................ 34
    B.2.1- Inventaire des espèces existantes et les techniques de pêche ..................... 34
    B.2.2- Traitement statistique de données ............................................................... 35
    B.2.3- Etude de la captivité .................................................................................... 35
    B.2.4- Taux des femelles ovées ............................................................................. 36
    B.2.5- Production et potentiel de la région ............................................................ 36
        B.2.5.1- Capture par unité d'effort ..................................................................... 36
        B.2.5.2- Estimation quantitative du potentiel de la région ................................ 37
B.3- Impacts des techniques de pêche ....................................................................... 38

III- RESULTATS ET DISCUSSIONS ................................................................... 39

A. BIOECOLOGIE .................................................................................................. 39
A.1- Température de l'eau ......................................................................................... 39
A.2- Salinité de l'eau de mer ...................................................................................... 40
A.3- Relations morphométriques ............................................................................... 40
A.4- Biotopes des espèces rencontrées ...................................................................... 42

B. PECHERIE LANGOUSTIERE DU CAP MASOALA ..................................... 47
B.1- Historique de la pêcherie ................................................................................... 47
B.2- Techniques de pêche rencontrées ....................................................................... 49
    B.2.1- Pêche à la lumière ........................................................................................ 49
    B.2.2- Pêche en plongée ......................................................................................... 50
    B.2.3- Pêche aux filets ............................................................................................ 52
        B.2.3.1- Caractéristique des filets à langoustes .................................................. 52
B.3- Abondance spécifique de la capture ................................................................... 55
B.4- Composition par la taille .................................................................................... 56
    B.4.1- Sexe ratio ..................................................................................................... 58
    B.4.2- Captivité des deux sexes ............................................................................. 59
    B.4.3- Femelles ovées : .......................................................................................... 60
B.5- Capture par unité d'effort ................................................................................... 61

C- COMMERCIALISATION ET PRODUCTION DANS LA REGION ............ 63
C.1- Conservation vivante des langoustes ................................................................. 63
C.2- Écoulement des langoustes ................................................................................ 64
C.3- Conditionnement et traitement des produits ...................................................... 66
C.4- Estimation de la quantité de langoustes pêchées ............................................... 66

D- IMPACTS DE LA PECHERIE ..................................................................... 68
D.1- Impacts socio-économiques ..................................................................... 69
D.2- Impacts environnementaux ...................................................................... 69
   D.2.1- Destructions mécaniques des coraux vivants ..................................... 69
      D.2.1.1- Destructions causées par les accrochages des filets ................... 69
      D.2.1.2- Destructions engendrées par l'activité de pêche ......................... 70
   D.2.2- Diminution de la population de langouste par le non respect de la législation ........................................................................................................ 71
   D.2.3- Risque de perturbation de l'écosystème récifal ................................... 71

E- ANALYSE DE LA SITUATION ACTUELLE DE LA PÊCHERIE LANGOUSTIÈRE ................................................................................................ 72
E.1- Absence de débouché direct des produits. ................................................ 73
E.2- Difficulté des pêcheurs dans la pratique de l'activité ................................ 73
E.3- Instabilité des prix et irrégularité de paiements ........................................ 74


CONCLUSION ...................................................................................................... 75

REFERENCES ....................................................................................................... 79

ANNEXES .............................................................................................................. 82

# LISTE DES TABLEAUX

Tableau 01 : Évolution de la production mondiale de langoustes ............ 11
Tableau 02 : Évolution de l'exportation de langoustes malgache ............ 12
Tableau 03 : Évolution du prix de la vanille ............ 18
Tableau 04 : Salinité moyenne de l'eau de mer dans les villages ............ 40
Tableau 05 : Tableau résumant les affinités des différentes espèces ............ 46
Tableau 06 : Tableau comparatif des différentes techniques de pêche ............ 53
Tableau 07 : Recensement de filets et pêcheurs de langoustes dans la région ............ 54
Tableau 08 : Recensement des espèces capturées ............ 55
Tableau 09 : Tableau de résultat du STATISTICA ............ 58
Tableau 10 : C.P.U.E moyennes pour chaque village de pêche ............ 62
Tableau 11 : Évolution des prix du kg de langoustes dans la région ............ 66
Tableau 12 : Nombre d'accrochages lors des activités de pêche ............ 70

# LISTE DES FIGURES

Figure 01 : Localisation géographique de la zone d'étude .................... 15

Figure 02 : Presqu'île de Masoala et les trois Parcs Marins. .................... 16

Figure 03 : *Panulirus japonicus* .................... 25

Figure 04 : Morphologie d'une langouste .................... 26

Figure 05 : *Panulirus penicillatus* .................... 27

Figure 06 : *Panulirus ornatus* .................... 27

Figure 07 : *Panulirus versicolor* .................... 28

Figure 08 : Cycle de vie de la langouste .................... 30

Figure 09 : Température de fond en fonction de la profondeur .................... 39

Figure 10 : Longueur totale en fonction de la longueur de la carapace .................... 41

Figure 11 : Croissance pondérale en fonction de la longueur de la carapace .................... 42

Figure 12 : Répartition des langoustes au niveau du récif barrière .................... 48

Figure 13 : Lampe torche utilisée pour la pêche .................... 49

Figure 14 : Fils de fabrication des filets à langoustes .................... 53

Figure 15 : Distribution des fréquences par sexe .................... 57

Figure 16 : Évolution mensuelle du pourcentage des femelles ovées .................... 60

Figure 17 : Distribution de fréquence des femelles ovées .................... 61

Figure 18 : Vivier classique .................... 64

Figure 19 : Langoustes congelées prêtes à être envoyées à Antananarivo .................... 66

Figure 20 : Trois espèces de crabes formant la capture accessoire .................... 72

Figure 21 : Filet à langoustes et ses déchirures .................... 74

# INTRODUCTION

Depuis les années 1970, la société a pris conscience du besoin de protection des ressources et des milieux "naturels". En effet, les hommes sont à l'origine des dégradations environnementales à travers toute la planète ayant pour conséquence un appauvrissement de la biodiversité végétale et animale.

Madagascar est un des pays qui priorise l'environnement dans sa croisade vers le développement ; la Presqu'île de Masoala abrite ainsi un des aires protégées nationales : 550.000 ha de surface couvrant presque la presqu'île, constituée de forêts primaires et secondaires humides et sub humides, des parcelles de forêts littorales sur sables et des Parcelles Marines. Cette complexité d'habitat constituant cette surface protégée a donné naissance à une nouvelle appellation de la région par les gestionnaires des aires protégées : le CAP Masoala ou le Complexe d'Aires Protégées de Masoala.

La côte Nord Est de l'Île est connue pour abriter un important complexe de récifs coralliens (JAOMANANA et *al.*, 1998), des récifs qui constituent une base des activités de la pêcherie traditionnelle, principale source de nourriture et de revenue de la population riveraine.

Les langoustes figurent parmi les espèces ciblées par la pêcherie traditionnelle et les techniques de pêche utilisées localement causent des destructions importantes au niveau du récif. Elles ne sont pas très rentables (JAOMANANA, 2003). Les pêcheurs déposent leurs filets au niveau de la zone friable du récif corallien, et plusieurs fois, des pêcheurs venant de Mananara et Sainte Marie faisaient des prospections et des essais dans la région. Aussi, certains collecteurs informels et irréguliers travaillent de temps en temps dans la région.

Jusqu'à présent, les recherches effectuées sur les langoustes australes malgaches ont été concentrées uniquement dans les régions Sud et Sud Est de Madagascar à l'exception de celle de PICHON (1964) qui a été faite dans la région Nord Ouest. Par conséquent, les gestionnaires des Parcs Marins de Masoala ne disposent pas de données fiables concernant les langoustes de la région, la production et la potentialité, les dégâts causés par les techniques de pêche, de même que la bio-écologie de ces crustacés.

Dans le cadre de la gestion durable des ressources naturelles d'une part et de la régénération des espèces à haute importance économique et sociale d'autre part, un protocole d'accord a été mis en œuvre du 21 septembre 2003 au 24 février 2004 entre WCS (*Wildlife Conservation Society*), ANGAP (*Association Nationale* pour la *Gestion* des *Aires Protégées*) et l'IH.SM (*Institut Halieutique* et des *Sciences Marines*) de l'Université de Toliara pour une recherche basée sur une étude qualitative, quantitative et bioécologique des langoustes non seulement dans les trois Parcelles Marines mais sur toutes les zones marines côtières couvrant le CAP Masoala.

Ainsi, cette étude a pour but de produire des connaissances scientifiques et fondamentales des ressources en langoustes, afin que les gestionnaires des Parcs Marins puissent les utiliser, les exploiter dans leur système de gestion. Les objectifs visés sont de :
- procurer des informations sur la biologie et écologie des langoustes,
- inventorier les espèces existantes ainsi que les techniques de pêches pratiquées,
- fournir des données sur la production langoustière de la région,
- analyser les impacts de la pêcherie,
- identifier les autres techniques viables,
- proposer un schéma d'aménagement de la pêche langoustière sous forme de recommandation.

Après une présentation générale de la pêcherie langoustière et de la zone d'étude, des éléments sur la biologie des langoustes et la méthodologie de travail utilisée seront abordés avant de présenter les résultats et la situation de la pêcherie du CAP Masoala, et en fin la conclusion et les propositions pour la gestion formulées sous forme de recommandations.

# I- GENERALITES

## A- PECHERIE LANGOUSTIERE

### A.1- Situation de la pêcherie langoustière mondiale

La pêcherie langoustière occupe une place importante dans l'économie mondiale. La production est instable et le quasi totalité de la production chez certains pays producteurs comme Madagascar et l'Afrique du Sud est exportée.

**Tableau 01** : Évolution de la production mondiale de langoustes (**Palinuridae**)
Unité : Tonne

| PAYS | 1997 | 1998 | 1999 | 2000 | 2001 | 2002 | 2003 | 2004 |
|---|---|---|---|---|---|---|---|---|
| Afrique du Sud | 2 582 | 2 596 | 2 229 | 2 006 | 2 674 | 3 329 | 2 773 | 3 291 |
| Australie | 15 121 | 15 674 | 18 350 | 19 837 | 16 407 | 13 886 | 16 437 | 19 157 |
| Brésil | 7 502 | 6 002 | 6 334 | 6 469 | 7 139 | 6 807 | 6 320 | 8 689 |
| Chili | 32 | 21 | 22 | 17 | 21 | 9 | 1 | 47 |
| Etats-Unis d'Amérique | 3 284 | 2 693 | 3 036 | 2 932 | 1 851 | 2 353 | 2 193 | 2 644 |
| France | 99 | 78 | 73 | 71 | 73 | 49 | 45 | 34 |
| Italie | 331 | 174 | 161 | 123 | 166 | 152 | 184 | 179 |
| **Madagascar** | **390** | **341** | **338** | **329** | **359** | **402** | **436** | **560** |
| Maurice | 17 | 17 | 17 | 17 | 19 | 26 | 21 | 18 |
| Mauritanie | 50 | 40 | 35 | 30 | 25 | 15 | 8 | 1 |
| Nouvelle-Zélande | 5 063 | 2 723 | 2 831 | 2 824 | 2 561 | 2 493 | 2 569 | 2 367 |
| Polynésie française | 40 | 51 | 50 | 51 | 58 | 54 | 55 | 55 |
| Seychelles | - | <0.5 | 7 | 14 | 5 | 6 | <0.5 | <0.5 |
| Sénégal | 196 | 144 | 39 | 37 | 53 | 50 | 59 | 58 |
| **TOTAL** | **34 707** | **30 554** | **33 522** | **34 757** | **31 411** | **29 631** | **31 101** | **37 100** |

<u>Source</u> : *FAO Unité de l'information, des données et des statistiques sur les pêches (FIDI)*
*c2005*

Il existe trois catégories de producteurs mondiaux :
- les grands producteurs dont la production dépasse 5.000 tonnes par an,
- les producteurs moyens qui produisent entre 1.000 et 5.000 tonnes par an,
- les petits producteurs produisant rarement au-dessus de 500 tonnes par an.

Dans certains pays, la forte pression exercée sur le stock de langouste s'est fait vite sentir car la production a chuté considérablement en continuité. Pour remédier à la situation, signe d'un risque d'épuisement ou de disparition de la population de langoustes, ces pays étaient contraints de réglementer la pêcherie par des mesures au profit du renouvellement de stock. A titre indicatif, la Mauritanie a vu le déclin de sa pêcherie en 1990, en 1984 les Seychelles furent contraintes de fermer la pêche aux langoustes pour une durée de 5 ans. En Afrique du Sud, la production a chuté de la moitié en 7 ans (19.400 tonnes en 1964 à 7.800 tonnes en 1971).

### A.2- Pêcherie langoustière malgache

La langouste occupe la seconde place chez les crustacés après la crevette en terme de rentrée de devise pour la Grande Ile (KOURKOULIOTIS et *al*., 1999) et 1998, la production langoustière malgache, toutes espèces confondues représentait 2,4 millions de dollars (USD). Les quantités exportées ne cessent de s'accroître, atteignant 309 tonnes en 2002 (tableau 02) qui s'élevait à 28 milliards de francs malagasy tandis qu'en 1996, elle n'était que de 7 milliards.

**Tableau 02** : Évolution de l'exportation de langoustes malgache

| ANNEE | 1996 | | 1997 | | 1998 | | 1999 | | 2000 | | 2001 | | 2002 | |
|---|---|---|---|---|---|---|---|---|---|---|---|---|---|---|
| PRESENTATION | Q | V | Q | V | Q | V | Q | V | Q | V | Q | V | Q | V |
| Entière | 64 | 2 993 | 178 | 11 180 | 164 | 8 195 | 137 | 6 943 | 215 | 14 609 | 227 | 16 056 | 270 | 23 241 |
| Queue | 45 | 4 120 | 38 | 3 699 | 60 | 5 148 | 62 | 6 280 | 43 | 4 146 | 29 | 3 566 | 31 | 4 441 |
| Tête | 0 | 0 | 0 | 0 | 0 | 0 | 0 | 0 | 0 | 0 | 0 | 3 | 0 | 0 |
| Décortiqués | 0 | 0 | 1 | 56 | 0 | 23 | 0 | 0 | 0 | 0 | 0 | 27 | 8 | 555 |
| **TOTAL** | **109** | *7 113* | **216** | *14 935* | **224** | *13 365* | **199** | *13 223* | **258** | *18 756* | **257** | *19 653* | **309** | *28 237* |

*Source* : MAEP, 2004

Q = quantité en tonnes
V = valeur en millions de FMG (Francs malgache)

La région du Sud Est, spécialement Taolagnaro est réputée pour la pêcherie. Elle fournit plus de 2/3 de la production langoustière nationale. Sa production ne cesse de s'accroître mais elle est instable, atteignant un sommet de 386 tonnes en 1989 (MARA, 1993). Cultivateurs et petits fonctionnaires se reconvertissent en pêcheur (c.o GILBERT, 1989) et en 1990, la production de tend à fléchir.

Le nombre des sociétés exploitantes passe de un en 1986 à sept en 1990 (MARA, 1993). Le système de collecte et les circuits commerciaux deviennent très complexes et organisés. Les collecteurs avec leurs véhicules tous terrains descendent sur les zones de pêche les plus enclavées en quête de langoustes et le nombre des zones de collecte augmente chaque année. Le succès du développement économique et social de l'exploitation des langoustes dans cette région trouve sa source dans la présence d'une espèce très prisée sur les marchés extérieurs qui est la *Panulirus homarus*.

Dans l'Océan Indien Occidental, Madagascar tient la seconde place après l'Afrique du Sud en termes de producteur de langoustes.

Conscient de la situation galopante de la pêcherie du Sud Est malgache, le Gouvernement, par le biais du Ministère responsable a proposé des options d'aménagement de cette pêcherie pour préserver l'environnement et d'assurer l'exploitation durable des ressources.

### A.3- Textes réglementaires agissant sur la pêcherie

Une réglementation de la pêcherie langoustière malgache existe depuis la période coloniale, arrêté du 17 janvier 1921, fixant la pêche, la vente et le colportage des langoustes dans la Colonie et Dépendance. L'arrêté agit sur la fermeture périodique de la pêche allant de 01 octobre de chaque année à 31 janvier de l'année suivante (4 mois), l'interdiction formelle de pêcher les femelles ovées et les individus en dessous de la taille commercialisable. L'article 3 stipule que seuls les engins tolérés pour la pêche sont les casiers et les filets. L'utilisation des harpons n'est pas acceptée étant donné que c'est qu'une fois harponné que le pêcheur se rend compte si la langouste est ovée ou non. L'article 10 interdit l'utilisation des éléments toxiques, des explosifs, l'usage des procédures électrifiées ainsi que l'utilisation de tout dispositif permettant une immersion plus longue que la respiration naturelle.

En 1962, en raison d'une forte demande pendant les fêtes de fin d'année et pour des raisons économiques visant à écouler facilement les produits, la période de fermeture a été décalée de 01 janvier au 30 avril. Par suite, le décret n° 2000-139 du 01 mars 2000 modifie la fermeture saisonnière allant de 01 janvier à 31 mars chaque année (3 mois) et une taille commercialisable de 20cm antennes non comprises sauf pour la *Panulirus ornatus* qui est encore immature à cette taille. Des données complémentaires sur la reproduction des langoustes, suite à des pêches expérimentales durant les périodes de fermeture ont permis de réviser en 2003 cette réglementation de la pêcherie (décret n° 2003-1119 du 02 décembre 2003) telle qu'une période de fermeture allant de 01 octobre à 31 décembre chaque année.

## B- PRÉSENTATION DE LA ZONE D'ÉTUDE

### B.1- Situation géographique

L'étude s'est déroulée dans la partie Nord-est de Madagascar, le long de la frange côtière de la presqu'île de Masoala (figure 01). Administrativement, cette région est incluse dans deux Provinces de Madagascar. La partie Ouest (côte orientale de la baie d'Antongil) est dans le Fivondronana de Maroantsetra, Province de Tamatave, tandis que la partie Est (à partir de la pointe cap Masoala) appartient au Fivondronana d'Antalaha, par conséquent Province d'Antsiranana.

Un Parc Marin (ou Parcelle Marine) se situe dans la partie Ouest de la presqu'île : le Parc Marin Tampolo. Les deux autres restants sont dans la partie Sud et Est. Ce sont les Parcelles Marines Ambodilaitry et Tanjona (figure 02, page 16).

### B.2- Conditions climatiques

La connaissance des conditions climatiques régnant sur une zone de pêche est très importante pour l'exécution des activités y afférentes. Le CAP Masoala se localise dans un climat chaud et humide. Il s'agit d'une alternance de saison chaude et pluvieuse entre novembre et avril et d'une saison fraîche et sèche du mois de mai au mois d'octobre. Les précipitations moyennes annuelles sont de l'ordre de 3000mm, repartie sur 230 jours (WCS, 2003).

Le régime des vents est dominé par le vent du Sud-est ou Alizé qui est souvent violent et quasi-permanent. Les effets de Mousson de l'été Austral (vent du Nord-Ouest) et vents locaux (brise de terre et de mer) y sont faibles. Des mauvais temps frappent couramment la région, provoquant de très fortes vagues et houles pendant plusieurs jours et les conditions marines y sont très dures pour la pêche. La saison des pluies est en outre régulièrement entrecoupée par des cyclones aux mois de janvier et février. (RANAIVOSON, 2000).

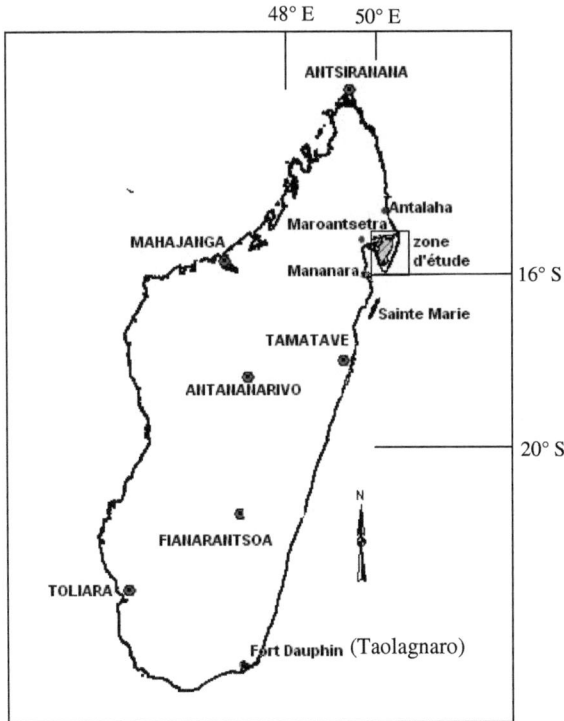

Figure 01 : Localisation géographique de la zone d'étude

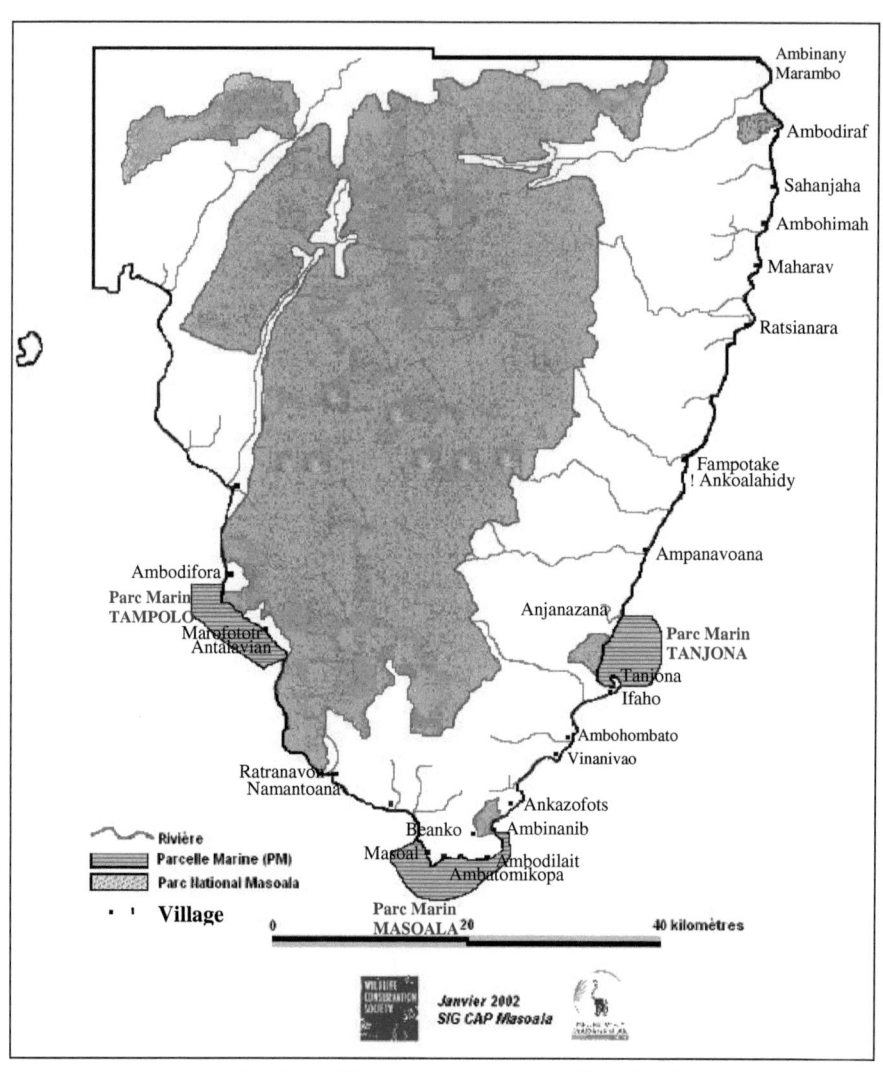

**Figure 02** : Presqu'île de Masoala et les trois Parcs Marins.

### B.3- Contextes socio-économiques

Le littoral de la Presqu'île est très peu habité. La population d'un village varie d'une centaine à deux milles en fonction du classement[1] du village.

Il est situé parmi les zones enclavées de Madagascar. Les routes sont quasiment inexistantes. Des infrastructures très anciennes existent dans la partie Nord Est de la Presqu'île mais elles sont toutes en très mauvais état. L'accès en voiture est seulement limité d'Antalaha à Ambohimahery et l'état de la route est inquiétant.

D'Ambohimahery à Masoala,.les déplacements s'effectuent par pied ou en vélos sur de petits chemins entrecoupés par des fleuves ou des ruisseaux qui nécessitent des *matso*[2], un trajet de 2 à 3 jours. Ces cours d'eau sont parmi les facteurs limitant le développement des aménagements routiers dans la région.

De Masoala à Ambodiforaha, il n'existe que des petites pistes. Les déplacements s'effectuent uniquement à pied.

Compte tenu de l'enclavement de la Presqu'Île, les opérateurs économiques de la région utilisent la mer comme voies d'accès. Des *lakana*[3] font le transport sur toute la Presqu'île ; de Maroantsetra à Antalaha en passant au niveau de chaque village suivant son importance. La durée du trajet, uniquement diurne est de 2 jours.

Les habitants, agriculteurs et pêcheurs sont surtout des Betsimisaraka. L'agriculture est une activité économique importante vu que le climat favorise la culture vivrière (riz, manioc) et de rente (girofle, café, poivre) et surtout la vanille dont le prix ne cesse d'attirer l'attention des paysans et surtout en 2003 (tableau 03, page 18).

---

[1] Hameau, Fokontany ou chef lieu de la Commune
[2] Traverser un cours d'eau ou un fleuve par une pirogue
[3] Des embarcations artisanales d'une dizaine de mètres avec des moteurs hors bord de 25 à 60 CV

**Tableau 03** : Évolution du prix de la vanille
chez les producteurs (Ar$^4$/kg)

| ANNEES | Vanille verte | | Vanille préparée | |
|---|---|---|---|---|
| | Minimal | Maximal | Minimal | Maximal |
| 2003 | 60.000 | 80.000 | 240.000 | 260.000 |
| 1998 | 1.200 | 3.000 | - | - |
| 1997 | 1.000 | 2.000 | 7.000 | 19.000 |
| 1996 | 800 | 1.500 | 800 | 14.000 |
| 1995 | 1.020 | 2.000 | 5.000 | 18.000 |
| 1994 | 500 | 1.300 | 7.300 | 13.000 |

<u>Source</u> : *PADANE – DRA Antalaha, 2003*

La pêche, soumise aux conditions météorologiques souvent défavorables tient la seconde place après l'agriculture sauf pour quelques familles.

En plus, l'exploitation du bois constitue aussi une source de revenu non négligeable pour les jeunes. Ces derniers exploitent aussi biens les simples bois (pour la construction) que les bois précieux (bois d'ébène et bois de rose).

Toutes ces activités contribuent à la concurrence de la pêche langoustière du CAP Masoala.

### B.4- Caractéristiques du littoral

La frange occidentale de la Presqu'île est bordée par une formation granitique de grande taille en affleurement. Ce sont des roches noires plus ou moins arrondies et abritant des baies, derrière lesquelles sont implantés les villages. Le rivage est caractérisé par des fonds rocheux et des bancs coralliens (RANDRIANARISOA, 2006) dont les trous et les grottes constituent des habitats idéaux pour les langoustes.

Sur les zones abritées, on rencontre quelques fois des petites forêts de Mangrove poussant sur un substrat rocheux, semi rocheux et où se déroule une importante activité de pêche collecte (crustacés, gastéropodes,....). Selon JAOMANANA (1998), les mangroves dans la région de Masoala sont des

---

[4] Ariary est l'unité monétaire nationale. 1Ar vaut 5Fmg

Mangroves de type "rideau", composées des espèces résistantes. C'est dans cette partie qu'on a le Parc Marin Tampolo où on observe quelques formations sporadiques des récifs coralliennes (JAOMANANA et *al.*1998).

La frange orientale de la Presqu'île où l'océan indien rencontre la terre ferme est caractérisée par la présence des récifs barrières plus ou moins continus, de distance variable par rapport à la côte, allant du cap Masoala (pointe) jusqu'à Antalaha. La levée détritique est accessible à pied ou en pirogue pendant l'étale de la basse mer. Les lagons sont plus ou moins profonds (jusqu'à 6 mètres) suivant les zones. On y rencontre les parcs marins d'Ambodilaitra et de Tanjona.

**B.5- Courants marins**

Les courants véhiculent les éléments de la vie marine en particulier les larves. Ils déterminent ainsi leurs distributions par conséquent la répartition des adultes. Les courants sont très importants pour la survie et la distribution des langoustes car avec un stade larvaire très long (3 à 11 mois), les larves peuvent parcourir 8 000 à 12 000km avant de se fixer (GUIDICELLI, 1974).

Selon JAOMANANA (1998), la presqu'île de Masoala est sous l'influence du courant Équatorial Sud provenant de la partie orientale de l'Océan Indien (Australie du Nord et la région Ouest Indonésie), mais également des sites plus proches tels que les Seychelles. Selon toujours cet auteur, le courant marin dominant de la région s'oriente du Sud vers le Nord pendant la majeure partie de l'année (de févier à octobre) mais pendant les mois de novembre à janvier, un courant variable du Nord vers le Sud prédomine.

## C- MONOGRAPHIE DES PARCS MARINS

### C.1- Raison de la création des Parcs Marins (PM) du CAP Masoala

L'idée de la création des PM de Masoala repose sur le souci de la gestion durable des ressources naturelles marines et côtières. Les recherches menées durant la phase de délimitation du parc terrestre ont pu montrer que la mauvaise gestion des ressources marines conduit inévitablement à l'augmentation des pressions exercées dans le bloc de forêt de la presqu'île. La création des Parcelles Marines a été jugée favorable pour palier le problème de déplétion des ressources naturelles que ce soit marine ou terrestre.

### C.2- Parcs Marins

Chaque Parc Marin est composé de deux parties : un ou des noyaux durs (ND) et une zone à utilisation contrôlée (ZUC). Un noyau dur est une zone qui jouit d'une protection intégrale à l'intérieur du Parc. Il s'agit des habitats sains à hautes importances écologiques. Toutes formes d'activités y sont interdites excepté des activités de recherches scientifiques préalablement approuvées par l'organisme chargé de la gestion des Aires protégées, en occurrence l'ANGAP. La ZUC est la partie autre que le noyau dur. L'exploitation des ressources dans cette zone est uniquement accordée à la population riveraine mais elle est réglementée par des DINA, établis ensemble par les exploitants et les agents de l'ANGAP.

#### C.2.1- Parc Marin Tampolo ou Parcelle Marine Tampolo

Il se situe sur la côte orientale de la baie d'Antongil ou la côte ouest de presqu'île, entre l'embouchure de la rivière Ambodiforaha et de celle d'Antalaviana. Il est limité du côté de la mer par une ligne droite située à 3 kilomètres de la côte et du côté terrestre, par la ligne de la plus haute marée. Il a 3.600ha de superficie totale.

Le Parc Marin Tampolo possède 200ha de noyau dur et quatre sites touristiques.

### C.2.2- Parc Marin Ambodilaitry ou Masoala

Il se situe de part et d'autre du cap Masoala entre la pointe Rantafay et l'embouchure de la rivière Beankora. La limite terrestre est évidemment la ligne de la plus haute marée, et du côté de la mer, il est limité en quelques sortes par la barrière récifale. Il est le plus riche en biodiversité des trois Parc Marins. Il a une superficie de 3.300ha avec dix petits îlots spectaculaires. Il comprend deux noyaux durs ayant respectivement 100 et 200ha, et trois sites touristiques.

### C.2.3- Parc Marin Tanjona

Il se situe le plus au Nord des Parcs Marins de Masoala. Il couvre environ 3.100ha de surface. On y rencontre une formation très diversifiée des récifs coralliens avec des micro-atolls, des champs de phanérogames marines et une bande de forêt de palétuviers assez importante le long de la côte et continue sur sa partie terrestre. Il s'étend de la pointe du cap Tanjona jusqu'à 300 mètres au sud de l'embouchure de la rivière Anjanazana. Les deux noyaux durs ont une superficie respective de 400 et 100ha. Deux sites touristiques existent dans ce Parc Marin.

### C.2.4- Zonage des récifs des Parcs Marins

Le Parc Marin Tampolo se caractérise par la présence d'une formation récifale particulière dont il est difficile de délimiter les zonages à cause de la profondeur de l'eau. Dans les deux autres Parcs Marins restants, la formation récifale est bien délimitée. RASOAMANENDRIKA, (2006) les a décrit comme suit :
- la zone des herbiers : constituée principalement d'une zone à phanérogames marines du genre *Thalassia hemprichii* et *Th. Cymmodocea* occupant environ la moitié du platier interne, et d'un chenal. Sa rive littorale montre une couverture sédimentaire d'origine en partie terrigène. Le substrat dans la zone des herbiers est meuble, constitué de sable fin ;
- la zone à micro atolls : une zone de transition entre le platier friable et les herbiers, se caractérisant par un nombre très réduit de madréporaires (peu d'espèce et de

colonie). C'est dans cette zone qu'on rencontre les formations remarquables de *Porites* en atoll. Ce biotope est toujours immergé à marée basse et les substrats durs sont constitués par des coraux morts ou vivants couverts par une fine couche de sable grossiers ;
- le platier friable et compact : une zone submergée horizontale plus ou moins à l'abri des vagues, constituée par de formations coralliennes qui peuvent facilement s'écrouler sous le poids d'un homme.
- la levée détritique : un cordon récifal formé d'un amoncellement de blocs de diverses tailles. C'est une zone d'accumulation de blocs et débris arrachés par les vagues et se découvre facilement à marée basse des vives eaux. Cette zone est interrompue mettant en communication le platier externe et interne ;
- le platier externe : une zone sensiblement horizontale où s'observe quelques formes encroûtant de madréporaires (zone friable) et fait suite à la zone constructrice des sillons éperons qui subit fréquemment le déferlement des vagues.

## II- MATERIEL ET METHODES
### A- MATERIEL BIOLOGIQUE

Les langoustes étudiées durant cette étude proviennent essentiellement des captures commerciales et secondaires des pêcheurs dans les villages de pêche de la presqu'île.

#### A.1- Morphologie

Les langoustes sont des crustacés décapodes, appartenant au sous ordre des Macroures ou des crustacées à abdomen développé et qui marchent pour se déplacer. Leur corps est divisé en deux parties (figure 04, page 26) :
- le céphalothorax formé par la tête et le thorax soudés en un seul morceau,
- l'abdomen ou queue, constitué de segments ou métamères articulés entre eux et appelé segment abdominal. Le dernier segment appelé telson porte l'anus et l'orifice génital ne s'ouvre pas au niveau de ce dernier métamère.

##### A.1.1- Céphalothorax ou carapace

Il est composé de cinq segments céphaliques et huit segments thoraciques fusionnés ensemble, lesquels sont recouverts d'une carapace rigide et portante de nodules. Chaque segment céphalique porte une paire d'appendices servant à l'identification. De chaque côté du céphalothorax se trouve la cavité branchiale.

###### A.1.1.1- Tête

Elle porte une paire d'œil pédonculé, protégés chacun par une forte épine dirigée vers l'avant ou corne frontale et cinq paires d'appendices : deux paires sensoriels (antennes et antennules) et trois paires masticateurs (mandibules, et deux paires de maxilles)
Les yeux ne sont pas considérés comme des appendices car leurs origines embryonnaires sont complètement différentes (GRASSE et al, 1963 ; PHILLIPS, COBS et GEORGES, 1980).

### A.1.1.2- Thorax

Il est séparé de la tête par un sillon et porte huit paires d'appendices dont trois antérieures ont des fonctions masticatrices (pattes mâchoires) et cinq postérieures ont des fonctions locomotrices appelées péréiopodes (pattes thoraciques) parmi lesquelles une ou deux paires peuvent se terminer par des pinces.

Chez les Palinuridae, le céphalothorax est caractérisé par l'absence de rostre.

### A.1.2- Abdomen

Il est formé de six segments mobiles appelés segments abdominaux. Le $2^è$, $3^è$, $4^è$ et $5^è$ segments portent chacun une paire d'appendices ; les pléiopodes biramés chez les femelles et uniramés chez les mâles. Le $6^è$ segment porte le telson et les uropodes. Cet abdomen porte une musculature puissante due à une adaptation à des mouvements de reculons ou de débattement. Ainsi, la manipulation des langoustes vivantes nécessite des précautions particulières.

### A.2- Classification
### A.2.1- Position systématique

La position des langoustes dans le règne animal est la suivante :

| | |
|---|---|
| EMBRANCHEMENT | : ARTHROPODES |
| Super Classe | : MANDIBULATES ou ANTENNATES |
| Classe | : CRUSTACES |
| Sous Classe | : MALACOSTRACES |
| Série | : EUMALACOSTRACES |
| Super Ordre | : EUCARIDES |
| Ordre | : DECAPODES |
| Sous Ordre | : MACROURES ou PLEOCYEMATES |

Famille : PALINURIDES
Genre : Panulirus, WHITE, 1847

**A.2.2- Clé de détermination**

La détermination des espèces de langoustes repose sur les traits morphologiques et la couleur des espèces. La clé de détermination établie ici est celle utilisée par RANDRIANAVOKATRA (1990) additionné avec celle d'AUSTIN (1988) dans MARA (1993) pour identifier les espèces de langoustes existantes sur les côtes malgaches.

*Panulirus longipes* (MILNE EDWARDS, 1868) (figure 03)
ou *Panulirus japonicus* (VON SIEBOLD, 1824)
- La plaque antennulaire porte une seule paire d'épines principales derrière lesquelles on rencontre quelques petites épines éparses.
- Le sillon transversal, poilu, est complet et atteint le sillon pleural.
- Les fouets des antennes et antennules présentent des bandes transversales.
- Les pattes thoraciques ou péréiopodes ont des tâches blanches.
- La carapace est de couleur violette ou rouge indigo ou rouge pourpre avec des bandes transversales jaunes, soit carapace rouge pourpre ou brun rougeâtre, sans bandes transversales. De nombreux petits points blancs jaunâtres s'observent sur tout le corps.

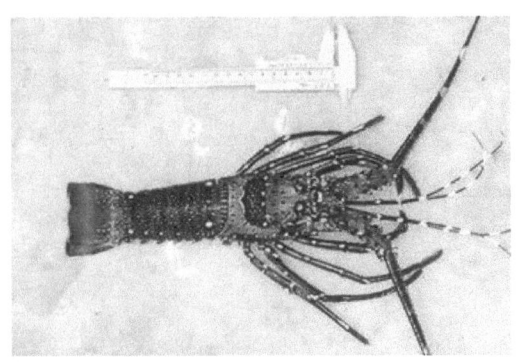

**Figure 03** : *Panulirus japonicus*
(*Photo : Auteur*)

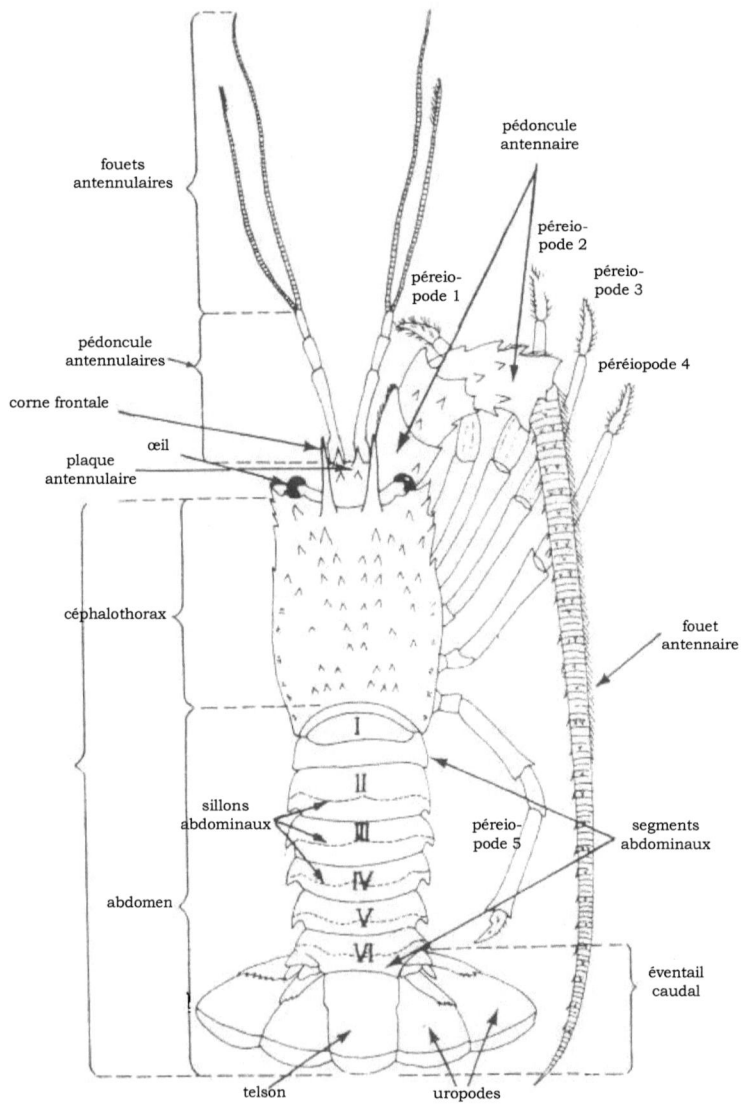

**Figure 04** : Morphologie d'une langouste *(*genre Panulirus*)*
*(Source : FISHER et al., 1984)*

*Panulirus penicillatus* (OLIVIER, 1781) (figure 05)

- La plaque antennulaire porte deux paires d'épines principales unies à leurs bases mais aux pointes divergentes.
- Le sillon transversal est complet mais n'atteint pas le sillon pleural.
- Les pattes thoraciques présentent des bandes longitudinales blanches ou jaunes.
- Une paire de tâche blanche s'observe sur le premier segment abdominal.
- L'animal est de couleur bleu vert, noir olive, brun vert, plus ou moins tachetée avec du jaune ou avec des vrais points fins sur les cotés.

**Figure 05** : *Panulirus penicillatus*
(*Photo : Auteur*)

*Panulirus ornatus* (FABRICIUS, 1798) (figure 06)

- La plaque antennulaire porte une paire d'épine principale sur le front suivi par une petite paire.
- Les segments abdominaux sont lisses, sans sillon transversal.
- La carapace est de couleur jaune sur la surface supérieure avec des points limités ou marbrés et il n'y a pas de continuité des bandes transversales jaunes évidentes.
- L'abdomen est verdâtre avec une tâche diagonale bleuâtre et jaune ou blanche, et présente une large bande sombre traversant le milieu des segments. Chaque segment abdominal est tacheté de deux couleurs de chaque côté.

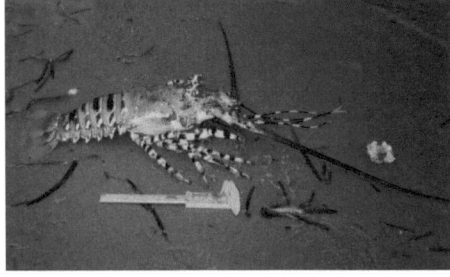

**Figure 06** : *Panulirus ornatus*
(*Photo : Auteur*)

*Panulirus versicolor* (LATREILLE, 1804) (figure 07)

- La plaque antennulaire porte deux petites paires d'épines dont les bases sont reliées par une cannelure.
- Les segments abdominaux sont lisses, sans sillons transversaux et possèdent chacun une bande blanche séparant deux lignes noires.
- Les péréiopodes présentent des bandes longitudinales blanches et continues;
- L'abdomen est de couleur verdâtre mélangée avec du bleue, du brun et du noir.

**Figure 07** : *Panulirus versicolor*
(*Photo : Auteur*)

### A.3- Mode de vie

Les langoustes sont des animaux noctambules. Elles sont très actives la nuit, à la recherche de nourritures ou pour se reproduire. Durant le jour, elles restent à l'abri dans les crevasses ou les cavités rocheuses, en groupe ou individuellement.

### A.4- Maturité sexuelle

Chez les langoustes, les sexes sont séparés. L'orifice génital mâle, en forme de croissant se trouve sur la $3^è$ paire de péréiopodes tandis que chez la femelle, il a la forme d'une fente allongée localisée sur une excroissance du coxopodite, base de la $5^è$ paire de pattes.

Il existe deux aspects de la maturité : une maturité physiologique basée sur le développement des gonades et des produits génitaux, et une maturité fonctionnelle où l'individu mâle est apte à copuler avec la femelle et cette dernière capable de porter extérieurement des œufs ; tous les caractères sexuels secondaires exprimés.

### A.5- Ponte et incubation

BERRY (1970) et GUIDICELLI (1971) ont bien décrit cette phase chez le Genre *Panulirus*. La copulation a lieu quelques temps avant la ponte. Une masse spermatophorique très visible, de couleur grisâtre ou noirâtre est étalée sur les deux tiers de la plaque sternale. Ce sac spermatophorique est utilisé dans la fécondation au fur et à mesure de la sortie des œufs de l'orifice génitale femelle. Cette dernière, à l'aide des pinces de sa cinquième paire de péreiopodes gratte la croûte du sac jusqu'à ce qu'apparaisse la masse interne blanchâtre contenant les spermatozoïdes. Les œufs roulent lentement sur les spermatophores et passe dans la chambre de fécondation. Cette chambre est constituée par l'abdomen replié, le telson s'étendant en avant de l'ouverture des oviductes. La jonction du telson, des uropodes et des premiers pléiopodes étendus forme une sorte de canal par où passe les œufs et les spermatozoïdes.

### A.6- Période d'incubation

La durée de l'incubation des œufs est variable selon les espèces et la température de l'eau. Elle varie de quelques semaines pour les espèces intertropicales, à quelques mois pour les espèces des eaux tempérées (COLLIGNON, 1988). A titre de comparaison, elle est environ 1 mois pour la *Panulirus japonicus* (TERAD, 1929 ; NAKAMURA, 1940) et la *Panulirus argus* (SUTCLIFFE, 1952), 9 à 10 semaines pour la *Panulirus interruptus* (ALLEN, 1916), 3 à 6 semaines pour la *Panulirus cygnus* (PHILLIPS, COBB et GEORGE, 1980), environ 3 mois pour la *Jasus lalandii* (PATERSON, 1969) et au moins 4 mois pour la *Palinurus delagoe* (PHILLIPS, COBB et GEORGE, 1980).

### A.7- Cycle de reproduction

Il y a une grande différence sur la reproduction. Quelques espèces se reproduisent une fois seulement tous les deux ans tandis que d'autres comme la

*Panulirus homarus rubellus* peuvent avoir jusqu'à quatre pontes (ponte étalée) pour une seule année (BERRY, 1973)

Elles ont un cycle de vie très long. L'âge à la première maturité est estimé entre 5 et 8 ans selon les espèces (NATSIR et RACHMAN, 1989). A l'éclosion, l'œuf donne naissance à une larve, le *phyllosome*. Cette larve fait partie du zooplancton pélagique et cette phase dure environ 3 à 11 mois (COOB et PHILLIPS, 1980). La larve évolue en *puerulus* qui est le dernier stade du *phyllosome* (MICHEL, 1971), correspondant au passage de la vie planctonique à la vie benthique. En effet, selon toujours cet auteur, les *puerulus* qui viennent de muer sont capables de nager librement puisqu'on les récolte en pleine eau mais, aussitôt placés en aquarium, ils ne se tardent pas à chercher refuge sur les supports mis à leur disposition. La morphologie générale des *puerulus* est très proche des adultes mais les caractères spécifiques (spinulation de la carapace, sillons transversaux) ne sont pas encore apparus. Ensuite, les *puerulus* deviennent des juvéniles puis des adultes qui vont peupler les écosystèmes des fonds rocheux et récifaux.

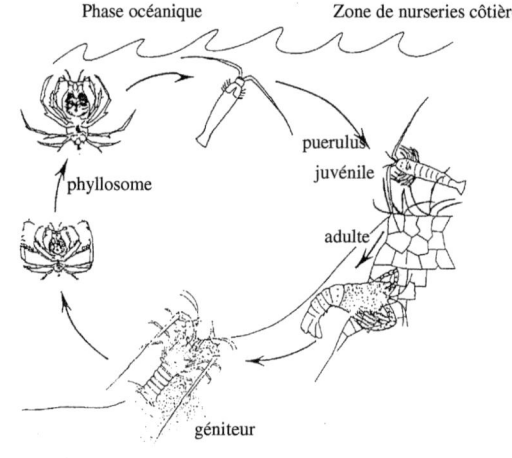

**Figure 08** : Cycle de vie de la langouste
*(Source : MARA, 1993)*

## B- MÉTHODOLOGIE

La technique utilisée consiste à visiter chaque village du littoral à partir d'Ambodiforaha (Baie d'Antongil) jusqu'à Ambinany Maharambo (côte Nord-est de la Presqu'île) (Figure 02 page 16). Les déplacements sont effectués généralement à pied, quelques fois par des *lakana* et rarement en voiture.

Un déplacement d'Ambodiforaha à Antalaha est réalisé du 21 septembre au 28 décembre 2003 et un retour du 15 janvier au 24 février 2004, faisant au total une distance parcourue estimée à 320 km. Durant ces trajets, les travaux effectués sont ci-après :

### B.1- Étude bioécologique

Des sorties avec les pêcheurs durant leurs activités de pêche ont été effectuées. Chaque jour, un pêcheur préalablement choisi au hasard est suivi pendant de son activité de pêche.

### B.1.1- Paramètre physico-chimiques

Durant chaque sortie, les paramètres physico-chimiques de l'eau de mer sont mesurés. Les matériels disponibles lors de la recherche n'ont permis de mesurer que deux paramètres : la température et la salinité.

La température de l'eau de mer du fond est mesurée avec un thermomètre à mercure d'une graduation de $-10°C$ à $110°C$. Le matériel est posé sur le fond et environ cinq minutes après, il est relevé et la température indiquée est enregistrée.

La salinité est mesurée avec un réfractomètre d'une graduation de 0 à 100‰. Des gouttes d'eau de mer sont posées sur la vitre oblique du réfractomètre et on visualise par la suite le nivellement de la partie dans la graduation de l'appareil. L'expérience est répétée au moins trois fois pour chaque mesure tout en assurant le retour à zéro de l'appareil avant chaque mesure. Les prélèvements des paramètres ont été effectués entre une période de 11 à 12 heures, heures de basse mer dans la plupart des cas.

### B.1.2- Étude biométrique

A la fin de chaque sortie de pêche, on effectue des mensurations de langoustes dans la capture. Les mesures ont été portées sur les relations morphologiques décrites par HEYDORN (1969a) pour la *Panulirus homarus* :
- longueur céphalothoracique / longueur totale (LCT/LT)

La relation liant les longueurs est de la forme LT = a + b LCT où a et b sont des coefficients, b est la pente de la droite de régression.

- longueur céphalothoracique / poids total (LCT/PT)

La relation liant la taille à la masse d'un individu est de type allométrique, c'est à dire qu'elle relie des grandeurs mesurées non proportionnelles et se traduit par une fonction puissance de la forme PT = a $LCT^b$ où a est l'indice pondéral dépendant des unités choisies et b le coefficient d'allométrie ou facteur de condition.

Le corps de la plupart des espèces conserve leur proportion initiale durant toute leur vie (b constant). Cette permanence relative de la forme permet de considérer le "facteur condition" comme un reflet de la bonne ou mauvaise "condition physique" des individus. Si la valeur de b<3, cela signifie que le poids des individus étudiés augmente moins vite que le cube de leur longueur, donc leur "forme" tend à s'affiner quand la taille augmente, et qu'au contraire si b>3, ceux-ci ont tendance à s'élargir en grandissant.

Le logiciel Microsoft Excel affiche directement l'équation de régression correspondante à la courbe de tendance des nuages de points en bien sélectionnant le type de relation.

Le céphalothorax est mesuré avec un pied à coulisse de 160 millimètres. C'est la longueur entre les 2 épines frontales jusqu'au bord postérieur concave du céphalothorax. La longueur totale est mesurée avec un mètre à ruban (en millimètre aussi), la longueur à partir des 2 cornes frontales jusqu'à l'extrémité postérieure du telson. Pour ce faire, la langouste est posée sur une surface plane pour minimiser l'augmentation de la longueur due à l'allure convexe de l'animal.

Le poids de chaque spécimen est mesuré avec une balance graduée de 5 grammes (force 4 kilos). L'animal est délicatement posé au milieu de la balance et son poids en gramme près se lit sur la graduation. Afin de ne pas biaiser les résultats, les femelles ovées sont mises à l'écart des autres non porteuses d'œufs. Tous les résultats de ces mesures sont par la suite reportés dans un formulaire (cf. Annexe I).

Durant la plupart des sorties, toutes les langoustes capturées étaient mesurées. Si la capture est importante, il n'était pas possible d'effectuer à la fois les trois mesures pour la totalité de spécimens. Ces derniers sont des produits destinés à être commercialisés vivants loin des zones de pêche et les pêcheurs évitent de les manipuler trop longtemps hors de l'eau pour ne pas les affaiblir. Ainsi quelques fois, on mesure seulement le céphalothorax.

**B.1.3- Étude de la répartition spatiale**

Des observations *in situ* : 42 séances d'observations en apnée d'une durée de 1 à 2 heures de temps en fonction de la durée des marées dont 38 positives (présence de langoustes) sont aussi effectuées dans les trois Parcelles Marines. Cette technique n'a pas pour but de quantifier le niveau ou le degré d'exploitation des sites mais pour connaître la distribution des espèces suivant les biotopes ainsi que leurs modes de vie. Les observations s'effectuent de biotopes en biotopes, à partir du rivage jusqu'au front récifal. Ces observations sont très limitées vu la nature et le moyen utilisé.

Rechercher des langoustes en apnée durant le jour dans leur milieu naturel n'est pas toujours une tâche facile vu le mode de vie de ces crustacés (benthique et cavernicole). On pourrait faire des heures de recherche sans trouver un seul individu si bien qu'il en existe dans la zone de fouille. Cette dernière devrait être donc menée minutieusement et sans trop d'agitation. Au moindre repérage des langoustes du plongeur et si elles se sentent menacées, ces animaux se reculent dans les trous les plus profonds de leur habitat. L'identification et le dénombrement deviennent ainsi difficiles car elles ne sont repérées qu'à partir des leurs organes les plus visibles qui sont par ordre décroissant les antennes, les pattes et le céphalothorax. La dénomination de l'espèce rencontrée devrait considérer le zonage du récif.

A chaque présence d'une langouste, on essai de tirer un maximum d'informations : nom de l'espèce observée, estimation du nombre d'individus présent, paramètres physico-chimiques, profondeur ainsi que les caractéristiques de son environnement.

### B.2- Étude qualitative et quantitative de la pêcherie
### B.2.1- Inventaire des espèces existantes ainsi que les techniques de pêches

Des recherches bibliographiques avant la descente sur le terrain ont permis d'avoir une clé de détermination des langoustes établie par la FAO et leur distribution suivant les zones de pêche mondiale. A chaque présence d'une langouste, les caractères distinctifs sont identifiés pour pouvoir attribuer à un nom scientifique.

Durant chaque sortie avec les pêcheurs, parallèlement à la mesure des paramètres physico-chimiques du milieu, la technique de pêche pratiquée est identifiée dans tous les détails possibles. A la fin de la sortie, les espèces de langoustes capturées sont déterminées.

Des enquêtes auprès des pêcheurs ont été aussi effectuées. La technique utilisée est une discussion ouverte sans prise de note. Seule une planche colorée contenant les espèces de langoustes existantes à Madagascar est montrée aux pêcheurs. Le remplissage du formulaire d'enquête se fait immédiatement après la discussion (cf. Annexe II). Les autres techniques pratiquées susceptibles de capturer des langoustes sont aussi discutées

L'inventaire a été aussi fait durant les observations en apnée dans les trois Parcs Marins. Ces derniers sont répartis dans trois endroits bien précis de la presqu'île et par conséquent on considérait qu'ils sont représentatifs de l'écosystème marin de la région. Des recherches en apnée de langouste dans leur habitat sont effectuées dans ces zones protégées car ce sont les endroits les moins exploitées en termes de ressource marine de la région, comparées à d'autres emplacements de la Presqu'île. Ces observations sont très limitées.

### B.2.2-Traitement statistique de données

Les mesures de longueur céphalothoracique recueillies sont triées, groupées en intervalle de classes de 10mm sous forme de classe de longueur - fréquence afin de pouvoir les traiter sur des formules et logiciel statistique STATISITCA, et aussi pour pouvoir interpréter la structure de l'échantillon de capture.

### B.2.3-Etude de la captivité

Partant de l'hypothèse que si dans la nature, il y a autant de mâles que de femelles et que la capture dans les filets (non sélectif) se fait par un simple hasard, la probabilité de capturer un mâle est donc la même que pour une femelle. La composition dans la capture devrait ainsi suivre la tendance dans le milieu marin. Dans le cas où l'un des sexes dominerait par rapport à l'autre dans les captures, la captivité des deux sexes à la pêche n'est pas donc identique c'est à dire que l'un est plus capturé par rapport à l'autre.

Pour vérifier si la tendance de la composition en mâle et femelles dans les captures est le reflet du phénomène biologique dans le milieu naturel ou une mortalité différente des deux sexes, un test statistique vérifiant leurs captivités aux activités de pêche est effectué. Il s'agit d'une analyse semi quantitative dont les deux sexes devraient être analysés en même temps, formant une série appariée. Le test non paramétrique de WILCOXON répond donc à l'analyse.

Le test consiste à former une série de paire (mâle – femelle) pour chaque activité de pêche. Les différences non nulles des deux effectifs sont ensuite attribuées à un rang en tenant compte uniquement de leurs valeurs absolues sans tenir compte des signes. Soit M et P la somme respective des rangs négatifs et positifs, les valeurs de M et P calculées seront comparées à leurs valeurs théoriques $M = P = \frac{n(n+1)}{4}$ et on montre que la variance de M est égale à la variance de $P = \frac{n(n+1)(2n+1)}{24}$ avec n, le nombre de différence non nulle.

Les deux échantillons proviennent d'une même population et on considère que leurs distributions suivent une loi normale, le nombre des individus capturés pour les deux sexes devrait satisfaire l'équation :

$$\frac{n(n+1)}{4} \pm 2 \sqrt{\frac{n(n+1)(2n+1)}{24}}$$

Si M est en dehors de cet intervalle, la variance en effectif constatée durant la pêcherie est donc significativement différente.

### B.2.4- Taux des femelles ovées

Le pourcentage des femelles ovées par mois et par chaque classe de taille s'obtient par la formule

$$\% \text{ femelle ovée} = \frac{\text{nombre des femelles ovées de la classe ou du mois}}{\text{nombre total des femelles de la classe ou du mois}} \times 100$$

### B.2.5-Production et potentiel de la région
#### B.2.5.1- Capture par unité d'effort (C.P.U.E)

Pour cette étude, on a utilisé la définition de LE GUEN (1972) qui précise que l'effort de pêche est l'ensemble de moyens de capture mise en ouvre par les pêcheurs sur un stock d'animaux marin. Ainsi la prise par unité d'effort est le poids moyen en gramme de langoustes capturées par filet par pêcheur et par activité de pêche.

$$C.P.U.E = \frac{C}{f x p x j}$$

Avec C = la capture totale en gramme
  f = nombre de filets mis en œuvre
  p = nombre de pêcheur qui ont participé à la pêche
  j = nombre d'activité de pêche

Une quantification de la capture totale des pêcheurs à la fin de chaque sortie suivant un formulaire d'enquête est effectuée. Demander aux pêcheurs de peser ou de manipuler leurs produits est souvent difficile. Dans la plupart des cas, les pêcheurs l'évitent car ceci apportera la poisse aux prochaines activités. En plus, la région de la presqu'île est une région très stricte en termes de surveillance de pêche. Le responsable du service de Surveillance des Pêches effectue des patrouilles régulières en collaboration avec l'ANGAP et les pêcheurs sont très méfiants. De ce fait, la mise en confiance est capitale sur cette méthodologie. Une rencontre avec les pêcheurs dans un autre domaine que la pêche est souvent nécessaire. Quelques fois, travailler avec les pêcheurs durant leurs activités les plus difficiles ou onéreuses est un atout. Une fois cette mise en confiance réussi, le pêcheur accepte et collabore activement.

Ainsi, la capture totale est pesée avec une balance, le nombre de filet, le nombre de pêcheur ayant participé à la pêche et ainsi que la durée de pêche sont enregistrés (cf. Annexe I).

### B.2.5.2- Estimation quantitative du potentiel de la région

Les données obtenues lors des enquêtes auprès des pêcheurs ne sont pas suffisantes pour la quantification de langoustes pêchées dans la région car les pêcheurs manquent des notions de quantité et la période d'étude ne couvre pas un cycle de production entier. Ainsi, des enquêtes auprès des collecteurs (exportateurs de langoustes), de quelques opérateurs économiques (hôteliers) et les responsables du Service de la Pêche et des Ressources Halieutiques dans les grandes villes entourant le CAP Masoala sont menées (cf. fiche d'enquête Annexe II C). Le résultat attendu sur cette démarche est la quantité de langoustes pêchées annuellement, le déroulement de la collecte, le traitement des produits ainsi que les circuits commerciaux. Des enquêtes sont donc ainsi effectuées à Maroantsetra, Antalaha, Mananara et Sainte Marie.

Les valeurs obtenues sont ensuite extrapolées pour avoir une quantité estimative des langoustes pêchées dans la région.

### B.3-Impacts des techniques de pêche

C'est une des parties primordiales dans les termes de référence de cette étude. La gestion d'un milieu naturel se fait de préférence par le principe de la gestion en amont. On entend par gestion en amont, une gestion qui partira aux sources même du problème ; contrairement à la gestion en aval qui se contente de combler les déficits sans se soucier de l'origine.

L'objectif de cette démarche est de faire sortir les points ou les techniques néfastes à la gestion du stock de langoustes de la région, du stock de langoustes malgache ainsi que le milieu marin surtout le milieu récifal.

Durant les sorties avec les pêcheurs, la technique et les manipulations ou mouvements non conformes aux respects de l'environnement marin et côtier sont identifiés. Les accrochages des filets sur les coraux sont aussi comptés.

# III- RESULTATS ET DISCUSSIONS
## A. BIOECOLOGIE
### A.1- Température de l'eau

Les mesures de la température dans les zones de pêche et les PM de Masoala en fonction des profondeurs sont figurées dans la figure 09. Pour chaque profondeur, la température moyenne est calculée et la valeur est portée sur un graphique.

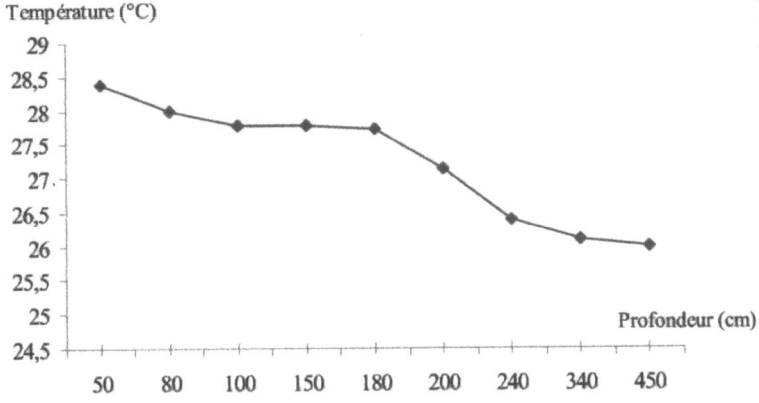

**Figure 09** : Température de fond en fonction de la profondeur
(mois de novembre)

La température de l'eau varie inversement par rapport à la profondeur. Elle se situe entre 28,4°C à 0,5 mètres et 26°C à 4,5 mètres durant le mois de novembre. L'eau de mer a une température moyenne de 27,3°C entre les fonds de 0,5 à 4,5m.

Elle agit surtout sur la période d'incubation des œufs. BERRY (1917) a observé chez la *Panulirus homarus* une réduction de la période d'incubation allant de 29 jours à 25,9°C contre 59 jours à 20,2°C. C'est aussi un des facteurs importants agissant sur le "taux de croissance" (COBB et PHILLIPS, 1980). CHITTLEBOROUGH (1975) a noté que la *Panulirus cygnus* gardée en température chaude présente une augmentation du taux de croissance, augmentation résultant d'une réduction de l'intervalle de la mue avec un pourcentage de croissance de taille presque identique qu'à une condition normale.

### A.2- Salinité de l'eau de mer

La salinité moyenne de l'eau de mer, mesurée dans chaque village du CAP Masoala se situe entre 32 à 37,33‰.

**Tableau 04** : Salinité moyenne de l'eau de mer dans quelques villages du CAP Masoala

| Village | Marofototra | Masoala | Ambodilaitry | Ambohombato | Tanjona | Ankoalahidy | Ratsianarana | Ambodirafia |
|---|---|---|---|---|---|---|---|---|
| Salinité moyenne (‰) | 33,57 | 33,67 | 35,25 | 37,33 | 35,67 | 35,00 | 36,00 | 32,00 |

La salinité de l'eau dans la baie reste relativement faible (Marofototra et Masoala) par rapport à l'Océan. C'est à Ambohombato qu'on a constaté une valeur de salinité plus élevée (37,33‰). Cette forte concentration en sel pourrait être due à l'emplacement du village (dans une cuvette). On pourrait aussi penser, au moindre apport d'eau douce par des petits cours d'eau (un seul cours d'eau qui se déverse dans la mer) dans cette zone. La valeur faible de salinité mesurée à Ambodirafia peut être expliquée par la présence de quelques pieds de mangroves dans la zone de mesure. La salinité dans chaque village est donc influencée par l'apport d'eau douce des rivières et cours d'eau qui se déversent dans les côtes. La salinité moyenne de l'eau de mer dans le CAP Masoala est de 34,81‰.

La salinité ne semble pas être un facteur limitant important pour les juvéniles et adultes de langoustes et homards, mais les larves de homards ne peuvent pas survivre à une salinité inférieure à 17‰ (TEMPLEMAN, 1936) et éviteraient les eaux à salinité inférieures à 21,4‰ (SCARRAT et RAINE, 1967).

### A.3- Relations morphométriques : cas de la *Panulirus penicillatus*

Relation Longueur céphalothoracique (LCT) - Longueur totale (LT) :

La longueur totale de la *Panulirus penicillatus* augmente proportionnellement plus vite que la longueur céphalothoracique pour les deux sexes.

Les mâles sont généralement plus courts que les femelles pour une même longueur céphalothoracique. Cette différenciation est de plus en plus nette au fur et à mesure que la LCT augmente. Le dimorphisme sexuel se manifeste donc chez la *Panulirus penicillatus* par la taille. Les mâles possèdent un céphalothorax développé par rapport aux femelles pour une même longueur totale.

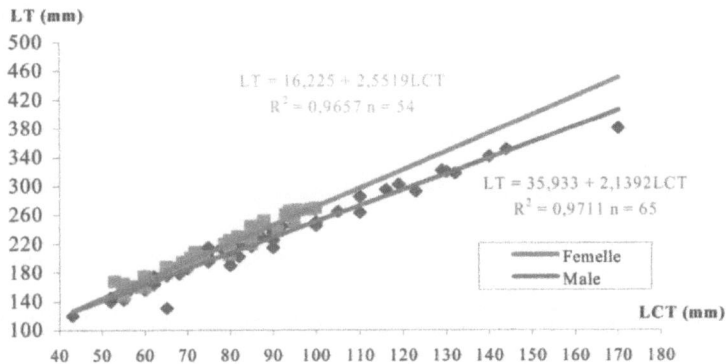

**Figure 10** : Longueur totale en fonction de la longueur de la carapace

Relation entre Longueur céphalothoracique (LCT) - Poids total (Pt) :

Le poids total des individus augmente avec un taux légèrement inférieur au cube de la LCT. L'augmentation est modérée jusqu'à une LCT entre 40 et 80mm et les deux sexes ont sensiblement le même poids pour un même LCT (figure 11, page 42). A partir de la classe précitée, les femelles commencent à gagner du poids par rapport aux mâles et cette différenciation est de plus en plus frappante au fur et à mesure de l'augmentation de la LCT.

RANDRIANAVOKATRA, (1990) a trouvé que le poids total de la *Panulirus penicillatus* s'accroît à un même taux et devient progressivement plus grand pour les femelles que pour les mâles de même taille. Le dimorphisme sexuel se manifeste aussi donc par le poids.

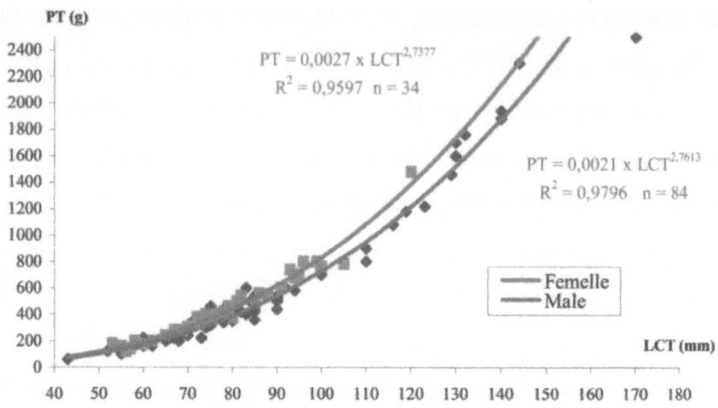

**Figure 11** : Croissance pondérale en fonction de la longueur de la carapace

Les coefficients d'allométrie des mâles (2,76) et des femelles (2,73) restent en dessous de 3, ce qui indique que les individus des deux sexes conservent leurs proportions en grandissant.

### A.4- Biotopes des espèces rencontrées

Les langoustes forment un grand groupe constitué de plusieurs familles et espèces. Cette grande diversité biologique a entraîné une large répartition géographique car les elles habitent tous les océans du globe, et peuvent être rencontrées aussi bien dans les eaux chaudes tropicales que dans les eaux subarctiques, dans les eaux côtières peu profondes que dans la zone subtidale à 500 mètres de profondeur (AIKEN et WANDDY, 1980; in COBB et PHILLIPS, 1980).

Les Palinuridés habitent les mers et les océans des régions chaudes du globe et plus particulièrement, le genre Panulirus se répartit entre les latitudes 45N et 45S (MARA, 1993). Les espèces de langoustes identifiées et pêchées par les pêcheurs dans la région appartiennent toutes au Genre *Panulirus,* appelé localement ''oragne'' ou ''orandretry''.

- *Panulirus ornatus* (FABRICIUS, 1798) ;
Nom vernaculaire : Langouste dorée
Nom local : Orambola, Orambolamena.

Sur les 38 observations positives, cette espèce a été rencontrée six (06) fois. C'est une espèce qui peut être de grande taille et pesant jusqu'à 5kg. Dans la région, on la rencontre dans la partie inférieure de la zone intertidale, la plupart de cas à l'intérieur du lagon, souvent près de la côte et dans la zone des herbiers pour les jeunes individus. Les spécimens de grande taille occupent souvent une zone plus profonde.

La grande taille et la constitution physiologique de cette espèce ne lui permet pas d'occuper des zones agitées. Ainsi, dans la Presqu'île, on la trouve souvent dans des zones calmes, à des profondeurs variant de 0,5 à 6 m. Toutefois, il est à signaler que les pêcheurs artisanaux d'Ankoalahidy ont pêché l'espèce à une profondeur d'environ 50 mètres. Elle semble donc aussi habiter les eaux profondes calmes et est généralement solitaire.

Habitat de la *P ornatus* : il s'agit de blocs rocheux, débris coralliens morts sur des fonds sableux ou des coraux à proximité de la zone des herbiers.

PICHON (1964) a aussi signalé la présence de cette espèce sur la côte Est de Madagascar dans la partie Nord à partir de Toamasina.

- *Panulirus versicolor* (LATREILLE, 1804);
Nom vernaculaire : Langouste bariolée
Nom local : Oramaitso, Orambolafotsy.

Elle a été observée 10 fois sur 38 pendant les observations *in situ*. C'est la deuxième espèce qu'on rencontre également dans le lagon et dans les passes où l'eau a une certaine profondeur de 1,5 à 6 m.

Selon SAMSOODIN (1979), la *Panulirus versicolor* se rencontre depuis la côte jusqu'à 16 m de profondeur. Elle se trouve dans trois biotopes successifs en fonction de la profondeur tel que la zone des micros atolls du platier interne, la zone des blocs morts de madréporaire en avant de la levée détritique et la zone des dômes des *Porites*. Selon toujours cet auteur, cette espèce présente la répartition la plus large et supporte les plus grandes variations dans la forme et la nature du substratum, de l'éclairement que de l'agitation de l'eau.

Leur repérage est souvent facile à cause de leurs longues antennes blanches qui font saillir à l'orifice de l'abri. On a remarqué pour cette espèce que les jeunes individus occupaient un autre habitat au niveau de la zone déferlante. Elle pourrait donc préférer les zones agitées mais la grande taille des adultes les oblige à se réfugier dans des endroits calmes. C'est une espèce généralement solitaire.

Habitat de la *P versicolor* : il s'agit surtout de blocs de coraux vivant (*Porites* et *Acropores*) dans la zone des micros atolls, platier interne ou des rochers sur lesquels poussent des formations coralliennes vivantes ou des algues du Genre *Sargassum*. Son abri, souvent de grande ouverture est très profond et sans communication avec le coté opposé.

- *Panulirus japonicus* (CRUVELL, 1911)
ou *Panulirus longipes* (A. M. EDWARDS, 1868) ;
Nom vernaculaire : Langouste tachetée
Nom local : Oramena.

Cette espèce repérée 10 fois sur 38 aussi est rencontrée au niveau de la zone des déferlements, dans des zones telles que les bordures des passes où la turbulence est moins atténuée. C'est une espèce adaptée à vivre sous les brisant mais elles vivent dans des cavités beaucoup plus profondes et mieux protégées des vagues (ANONYME, 2006 : http://pages.univ-nc.nc/~coutures/part-4.pdf). KANCIRUK

(1980) dans COBB et PHILLIPS (1980) a aussi remarqué que de constitution moins robuste que la *Panulirus homarus* et la *Panulirus penicillatus*, cette espèce semble préférer les zones assez profondes où l'effet des houles et vagues est plus atténué. Leur repérage est plus délicat, de sorte qu'on peut dire que la cavité est vide qu'après un examen complet des plafonds et des fissures.

On la rencontre dans la région dans des zones à faciès rocheux et récifal d'une profondeur de 0,5 à 1,5m, et souvent en plusieurs individus.

Aux Seychelles, cette espèce est rencontrée entre 2 et 18m avec un maximum de densité entre 5 et 8m (SAMSOODIN, 1979). Elle s'abrite dans les cavités creusant des édifices en forme de dôme construit par les *Porites*. Elle est la moins tolérante au regard des processus de sédimentation. Le moindre dépôt vaseux suffit à l'éliminer. Sa température optimale se situe aux alentours de 24°C avec une salinité comprise entre 35 et 36,50‰.

Habitat de la *P japonicus* : il s'agit de formations coralliennes mortes dans le platier friable, de coraux vivants appartenant à la zone des sillons et éperons localisés dans les passes. Leurs abris sont souvent des petits trous sans communication avec le côté opposé et le sommet mais présentant des fissures.

PICHON M.(1964) a noté la présence de cette espèce le long de la côte Est et dans le Nord Ouest (région de Nosy-be) de Madagascar

- ***Panulirus penicillatus*** (OLIVIER, 1791) ;
Nom vernaculaire : Langouste fourchette
Nom local : Orambato, Oramaity, Orampotsy (les femelles), Bakôko (les grands mâles).

C'est l'espèce qui habite au niveau de la zone des déferlantes et front récifal, dans des zones très agitées à faciès rocheux et récifal de la Presqu'île. Cette espèce a été la plus observée avec une fréquence de 24 fois sur les 38 positives. C'est la langouste la plus commune en Polynésie française appelé langouste grosse tête (POUPIN, 2005).

Elle a une large tolérance à l'égard du substratum à condition toutefois qu'il présente une certaine dureté. L'espèce semble avoir une préférence de la zone agitée qui pourrait être une stratégie de survie face aux prédateurs. Plus la zone est turbulente, plus on rencontre cette espèce. Ses pattes très robustes lui permettent de s'adapter à cette condition en s'accrochant fortement aux rochers.

On la rencontre dans des profondeurs entre 0,4 à 2,5m et quelques fois même durant les basses mers des vives eaux, on peut apercevoir leurs antennes à la surface de l'eau. Elles vivent dans la plupart des cas en plusieurs individus et les individus de petite taille sont accrochés au plafond. Aux Seychelles, cette espèce ne semble pas descendre au dessous de 10 m (SAMSOODIN, 1979)

Habitat de la *P. penicillatus* : ce sont des blocs rocheux tabulaires à grande ouverture et à volume important possédant plusieurs petites communications, tapissés ou à proximité d'algues vertes, des coraux massifs morts, des trous et des fissures très éboulées.

Selon PICHON (1964) cette espèce est présente le long de la côte Est de Madagascar.

**Tableau 05 :** Tableau résumant les affinités des différentes espèces

| Espèce \ Faciès | Rocheux | Corallien | Herbier littoral |
|---|---|---|---|
| *Panulirus ornatus* | X | X | X |

| | | | |
|---|---|---|---|
| *Panulirus versicolor* | X | X | X |
| *Panulirus japonicus* | X | X | |
| *Panulirus penicillatus* | X | X | |

Dans la partie Ouest de la Presqu'île, un phénomène inverse s'observe. Les *P. penicillatus* et *P japonicus* se rencontrent dans la partie supérieure des blocs granitiques sur le rivage tandis que les *P versicolor* et *P ornatus* sont plutôt localisées sur le fond au large, dans la zone des herbiers et récifale.

La figure 12 (page 48) montre la répartition de ces espèces au niveau du récif barrière de la Presqu'île.

La *Panulirus homarus* (LINNE, 1758), espèce constituant 86% de la capture de la zone Nord de Tolagnaro (MARA, 1993) semble donc absente dans cette région. Ceci pourrait être dû à l'absence de sa nourriture préférée qui est la moule (*Mytilus édulis*) malgré la présence de la famille des Mytilidae composée essentiellement de *Modiolus sp* dans la région (RASOAMANEDRIKA, 2006).

## B. PECHERIE LANGOUSTIERE DU CAP MASOALA
### B.1- Historique de la pêcherie

La pêcherie langoustière de la Presqu'île est particulière. Elle a connu son expansion en 1995, année durant laquelle une société de pêche, la SIMAP ou Société Intercontinentale et Maritime de Pêche a fait une expédition de collecte de langoustes, calmars, poulpes et poissons dans la région.

Durant sa campagne langoustière, comme il était difficile de satisfaire leur tonnage en langouste faute de pêcheurs et de technique de pêche productive, la Société a importé des pêcheurs de langouste de Mananara vers la Presqu'île de Masoala et les a ramené chez eux à la fin de chaque campagne (saison de fermeture). Ces pêcheurs importaient la pêche aux filets dans la région.

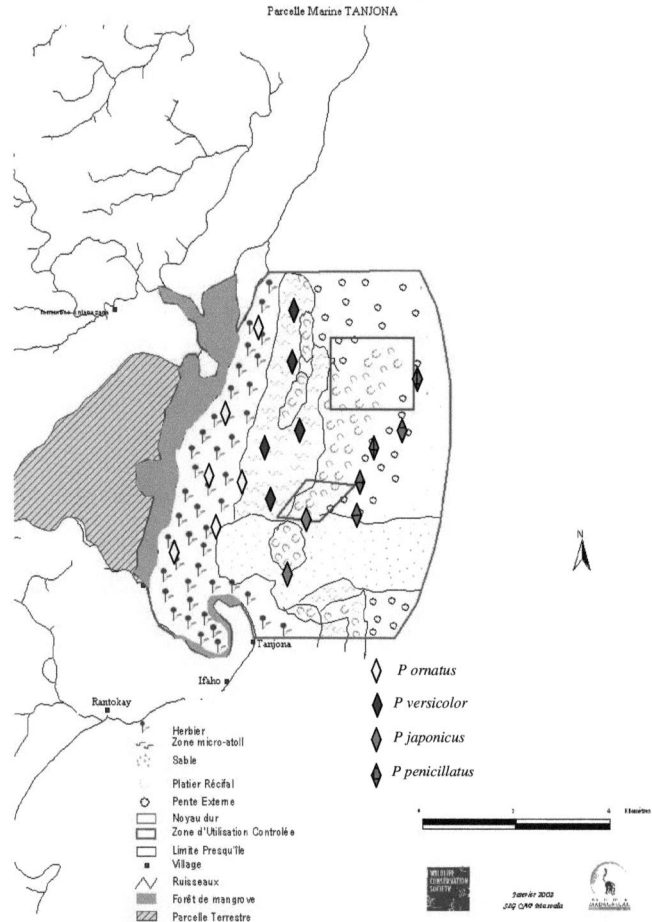

**Figure 12** : Répartition des langoustes au niveau du récif barrière
(cas du PM Tanjona)

En 2000, la Société a cessé ses activités et quelques pêcheurs ont décidé de rester sur place tout en continuant leurs activités. Actuellement, ce sont les vrais pêcheurs de langouste de la région. Ils ont entre 22 à 37 ans et travaillent souvent comme patron de pêche en faisant former et engager des jeunes du village qui aimeraient pratiquer ce métier. Ils associent avec l'exploitation langoustière d'autres activités rémunératrices comme l'agriculture ou le commerce.

### B.2- Techniques de pêche rencontrées

L'espèce ciblée et son habitat définissent les techniques de pêche à pratiquer. Au niveau de la Presqu'Île de Masoala, elles sont très anciennes, toutes de type traditionnel et se divisent en deux catégories :
- la pêche à main nue qui est la pêche à la lumière (*magnilo*) et la pêche en plongé en apnée (*mijibiky*) ;
- la pêche aux engins passifs qui est le filet (*magnarato*).

Ces différentes techniques de pêche sont synthétisées dans le tableau 06, page 53.

### B.2.1- Pêche à la lumière

Elle s'opère la nuit à l'aide d'une lampe torche aménagée ou une lampe pétromax. Durant la marée descendante et montante, les pêcheurs parcourent la zone friable du platier récifal externe à la recherche de langoustes. La pêche devrait s'arrêter une heure après la montée des eaux car les vagues deviennent de plus en plus fortes. La durée de cette pratique varie de 1 à 2 heures de temps par activité.

On entend par lampe torche aménagée, une lampe dont le boîtier de la batterie est séparé de la torche et est porté comme un sac à dos. La borne positive du boîtier est mobile afin qu'on puisse y placer jusqu'à une dizaine de piles. L'avantage d'un tel aménagement est que: - la lumière produite par la lampe est toujours forte car le pêcheur déplace le borne mobile à la pile suivante si l'intensité de la lumière diminue, - en cas de déséquilibre du pêcheur, les batteries ne sont pas immergées, l'activité de pêche n'est pas interrompue.

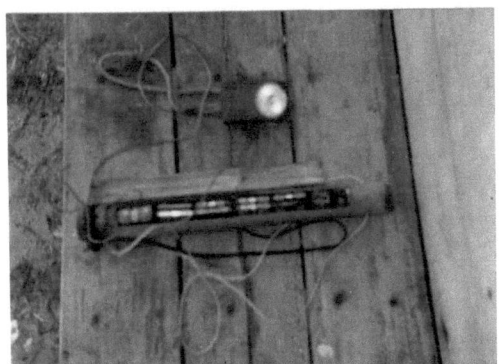

**Figure 13** : Lampe torche utilisée pour la pêche
(*Photo : Auteur*)

La pêche à la lumière exige une obscurité totale et des bonnes conditions météorologiques. Elle demande au moins deux pêcheurs dont le principal effectue la pêche en portant la torche et un *elobe*[5].

Les langoustes sont repérées par la luminescence de leurs yeux. Les bruits engendrés par le déplacement du pêcheur sont masqués par le déferlement des vagues et les langoustes, en rencontrant la lumière essayent de se dissimuler en s'immobilisant. D'un geste très habile, le pêcheur saisit la langouste avec sa main portant un gant et la met dans le panier. Une fois ce dernier remplie, le pêcheur l'amène dans une pirogue guidée par le second pêcheur qui est souvent son employé ou payé quotidiennement à raison de 2.000Ar par nuit. Le rendement de cette technique dépende de l'efficacité du pêcheur à saisir les langoustes sur leur céphalothorax ainsi que sa rapidité.

Dans la partie Ouest de la Presqu'Île, cette pêche s'effectue dans les mangroves à substrats rocheux ou dans les bordures rocheuses de la côte.

L'avantage de cette technique est sa sélectivité. En effet, en saisissant les langoustes, le pêcheur conscient de la pérennisation de son activité peut directement relâcher les individus qui sont prohibés à la vente. Son inconvénient réside surtout sur la nécessité d'une bonne condition climatique qui n'est pas toujours clémente dans cette région et un beau temps est assez rare. Aussi, c'est une activité à haut risque car la zone de travail est dangereuse.

### B.2.2- Pêche en plongée

Cette technique est la plus simple et se fait sous le principe de ***mijiby gisa***, qui veut littéralement dire plongée à la façon d'une oie Elle s'opère durant le jour sur un fond de 50 à 150cm. Les pêcheurs sillonnent la zone des déferlements à la recherche

---

[5] Panier tressé

des langoustes. Se mettant à quatre pattes la tête face aux vagues, les pêcheurs portant un masque et des gants en tissu épais regardent dans les abris classiques tels que crevasses, cavités rocheuses, anfractuosités, appelés *"patates"* à langouste (ANONYME, 2006 : http://pages.univ-nc.nc/~coutures/part-4.pdf) et quelques fois sous les blocs susceptibles d'abriter des langoustes. La pêche s'effectue entre deux déferlements successifs.

Les langoustes repérées sont rapidement saisies sur le céphalothorax et retirées de la cavité. Les pattes robustes des individus ne facilitent pas la tâche du pêcheur. Les gros individus sont souvent les plus difficiles à sortir de l'eau et surtout quand la profondeur de l'eau ne permet pas de respirer tout en tenant la langouste dans sa cavité. Dans la plupart des cas, les langoustes préfèrent perdre leurs appendices plutôt que de sortir de sa tanière.

Les rendements de cette technique font appel à la notion d'efficacité. Celle-ci peut se quantifier en comparant les prises par pêcheurs en un même lieu de pêche. L'efficacité augmente avec son habitude pour deux raisons :
- la première est la reconnaissance immédiate des "patates" à langoustes. Un bon pêcheur fait la distinction entre les patates potentiellement fructueuses et celles sous lesquelles il est sûr de ne pas trouver de langoustes. Le novice en revanche perdra une grande partie de son temps à fouiller sur toutes les patates non distinctes ;
- la deuxième est la technique pour arracher la langouste de son trou. Dès que la langouste sent un intrus, elle tente de s'enfoncer au plus profond de sa cavité et s'arc-boute afin de se bloquer contre les parois. Ainsi, il faut remuer l'animal dans tous les sens en s'assurant une bonne prise sur la base des antennes ou la carapace. Ceci demande de la force, de l'agilité et surtout de l'expérience.

L'avantage de cette technique réside aussi sur sa sélectivité. Sa pratique ne nuit pas non plus l'environnement marin. Son inconvénient se présente surtout sur la difficulté d'acquisition ou de renouvellement des matériels (masque et gants)

### B.2.3- Pêche aux filets

Cette technique a été importée par les pêcheurs de Mananara dans la région. La zone de pêche ne change pas pour la partie Est de la Presqu'Île. Les pêcheurs mouillent leurs filets durant le jour pendant les basses mers sur une zone d'environ 40 cm de profondeur et parallèle au zonage du récif. Les filets sont attachés les uns après les autres pour avoir un long filet continu couvrant une longue distance. Le choix du site de mouillage suit tout simplement l'instinct empirique du pêcheur. La vérification et le remplacement des filets endommagés se font le jour suivant. Durant les mortes eaux (basse mer tôt le matin et tard dans l'après midi), le pêcheur relève tous les filets le matin, effectue les réparations et les mouille à la fin de l'après midi.

Pour la côte Ouest, le mouillage des filets se fait aux alentours des rochers en affleurement sur la côte.

#### B.2.3.1- Caractéristique des filets à langoustes

Ce sont des petits filets d'une dizaine de mètres (entre 7 à 18m) et en une seule nappe fabriqués à partir des fils polyamides câblés appelés localement *diphil*, référencés à 12 et de préférence de couleur blanche. Comme il s'agit d'un filet de fond en lutte en permanence avec les courants des vagues, le lest doit être plus important que les flotteurs. Les enquêtes menées ont permis de savoir que le choix de la référence 12 pour les fils est capital car pour une référence inférieure, le filet se déchire facilement et les réparations sont onéreuses tandis que pour une référence supérieure à 12, la capture est moindre. Les filets semblent être évités par les langoustes.

La chute des filets varie de 30 à 60cm et les mailles possèdent une ouverture de 10 à 15cm. Un pêcheur de langouste possède souvent un nombre élevé de filets, qu'il utilise souvent en alternance (des filets en activité et en réparation). En moyenne, un pêcheur de la région utilise 13 filets par activité de pêche.

<u>Figure 14</u> : **Fils de fabrication des filets à langoustes**
(*Photos : Auteur*)

L'avantage de cette technique est sa facilité. Elle peut être pratiquée par un seul pêcheur et même durant un temps assez mauvais. De l'autre côté, elle n'est pas sélective, fatigante et détruit l'environnement récifal. Elle demande un entretien assez conséquent et la plupart du temps du pêcheur y est consacrée. Si un filet à langouste est laissé en mer pendant une période de plus deux jours et une fois récupéré, il sera pratiquement inutilisable. En plus, un filet à langouste est très onéreux car le coût de la confection total s'élève à 12.000Ar l'unité.

<u>**Tableau 06**</u> : Tableau comparatif des différentes techniques de pêche

|  | *Pêche à la lumière* | *Pêche en plongée* | *Pêche aux filets* |
|---|---|---|---|
| **Lieux de pêche** | - Au niveau de la zone friable - zone des déferlantes<br>- Mangroves à substrat dur et bordures rocheuses | - Au niveau de la zone des déferlantes<br>- En dessous des rochers granitiques | - Au niveau de la zone friable - zone des déferlantes<br>- Aux alentours des rochers en affleurement. |
| **Matériels utilisés et personnel** | - Lampe (torche ou pétromax)<br>- Une paire de gants<br>- Des chaussures fermées<br>- Un *elobe*<br>- Une pirogue<br>- Un piroguier | - Un masque<br>- Une paire de gants<br>- Des chaussures fermées<br>- Un *elobe*<br>- Un pêcheur assistant<br>- (Une pirogue) | - Filets<br>- Des chaussures fermées<br>- Un *elobe*<br>- (Une pirogue) |
| **Avantages** | - Pêche sélective<br>- Capture peut être importante par rapport aux temps alloué au travail | - Pêche sélective<br>- Non destructeur de coraux<br>- Capture peut être importante par rapport aux temps alloué au travail | - Facile à pratiquer<br>- Réalisable même pendant les mauvais temps<br>- Capture moins importante |

| | | | | |
|---|---|---|---|---|
| **Inconvénients** | - Exige un très beau temps<br>- Nécessite une obscurité totale<br>- Activité risqué (travail nocturne à une zone dangereuse) | - Difficulté d'acquisition de matériels<br>- Blessures et démangeaison physique souvent inévitable | - Enorme temps d'entretien des matériels<br>- Non sélective<br>- Destruction mécanique de coraux<br>- Couteuse |
| **Observations** | - Deuxième technique la plus pratiquée<br>- Jours de pêche très restreints | - Technique la moins pratiquée | - Très pratiquée par les pêcheurs |

( ) : Facultatif

**Tableau 07** : Recensement de filets et pêcheurs de langoustes dans la région

| Zones | Villages | Nombre de pêcheurs | Nombre moyen de filet | Observations |
|---|---|---|---|---|
| Zone **OUEST** de la presqu'île | Ambodiforaha | 0 | 0 | Pêche de subsistance |
| | *Marofototra* | 0 | 0 | Pêche de subsistance |
| | Antalaviana | 0 | 0 | Pêche de subsistance |
| | Namantoana | 03 | 8,5 | A plein temps |
| | Masoala | 0 | 0 | Pêche de subsistance |
| Zone **EST** de la presqu'île | Ambatomikôpaka | 01 | - | Pêche à la lumière et en plongée |
| | *Ambodilaitry* | 0 | 0 | Pêche de subsistance |
| | Ankazofotsy | 03 | Non disponible | En prospection |
| | Ambohombato | 0 | 0 | Pêche de subsistance |
| | *Ifaho* | 02 | - | A la lumière |
| | *Tanjona* | 0 | 0 | Pêche de subsistance |
| | Ankarandava | 0 | 0 | Pêche de subsistance |
| | Ampanavoana | 01 | Non disponible | A plein temps |
| | Fampotakely | 03 | 18,5 | A plein temps |
| | Ratsianarana | 12 | 10,66 | A plein temps, quelques uns pratiquent les trois techniques à la fois |
| | Maharavo | 06 | 14,6 | A plein temps |
| | Sahanjahana | 01 | Non disponible | A plein temps |
| | Ambodirafia | 01<br>01 | 19<br>- | A plein temps<br>A la lumière |

| | Ambinany Maharambo | 09 | 13 | A plein temps |
|---|---|---|---|---|
| | Total | 43 | | **Presqu'île de Masoala** |
| **Nombre moyen** | | | 14,04 | filet/pêcheur |

*Source : Enquête*

### B.3- Abondance spécifique de la capture

La répartition des espèces capturées sans distinction de sexe et sur les 39 sorties des pêcheurs suivies durant les mois de septembre 2003 à février 2004 par les pêcheurs de langouste de la presqu'île de Masoala se présente comme suit :

**Tableau 08** : Recensement des espèces capturées

| Nom de l'espèce | Nombre | Pourcentage (%) |
|---|---|---|
| *Panulirus penicillatus* | 479 | 99,58 |
| *Panulirus versicolor* | 01 | 0,21 |
| *Panulirus japonicus* | 01 | 0,21 |
| *Panulirus ornatus* | 00 | 0,00 |
| Nombre total des espèces échantillonnées | 481 | 100 |

*Source : Étude de capture*

On constate que la *Panulirus penicillatus* constitue essentiellement la prise des pêcheurs (99,58%). Les autres espèces sont quasiment inexistantes. La *Panulirus ornatus* n'a jamais été capturée. Ce sont les pêcheurs de poisson à filets maillant qui capturent accidentellement ce spécimen.

Cette composition unique en *Panulirus penicillatus* s'explique par le fait que l'activité de pêche se concentre uniquement aux alentours de l'habitat de cette espèce (pente externe). Les individus s'alimentent au niveau de la levée détritique ou la zone friable la nuit et se piègent dans les filets. L'absence des autres spécimens dans la capture est due à l'inadéquation de la technique pour les pêcher. On pourrait aussi penser que le stock de langouste dans la région est dominé par la *P penicillatus* car les autres espèces comme la *Panulirus japonicus* semble être très appréciée par les collecteurs.

**B.4- Composition par la taille**

Chez les Palinuridae, la longueur céphalothoracique est la mesure la plus sûre à cause de sa non-flexibilité. Plusieurs auteurs (MARA, 1993 ; RANAIVOSON, 1991) ont alors établie la relation liant la longueur céphalothoracique (LCT) et la longueur totale (LT) chez la *Panulirus penicillatus*. Pour cette étude, elle s'écrit

LT = 35,933 + 2,1392 LCT pour les mâles
LT = 16,225 + 2,5519 LCT pour les femelles.

L'histogramme des fréquences de longueur céphalothoracique des captures montre un histogramme de type normal (figure 15, page 57). La longueur céphalothoracique minimale des langoustes pêchées est de 43mm, soit 12cm de longueur totale et l'individu le plus grand a 170mm de LCT mesurant 40cm de longueur totale.

La représentation graphique est unimodale. La classe modale de LCT est la 70-79mm et le mode est 134 qui représente 27,97% des individus. La plupart des individus, soit 69,10% possèdent une LCT comprise entre 60mm à 89mm (16cm ≤ LT ≤ 24cm). Les individus à carapace entre 130mm et 179mm sont rares et représentent seulement 2,71% des individus capturés.

La *Panulirus penicillatus* de la Presqu'Île se situe donc dans sa phase d'exploitation normale car le mode se situe dans un intervalle de classe moyenne. RANDRIANAVOKATRA (1990) a trouvé que la *Panulirus homarus* de la région de Sud Est de Madagascar présente un certain degré d'exploitation car le mode se situe dans un intervalle de classe de petite taille (50-59 mm de LCT).

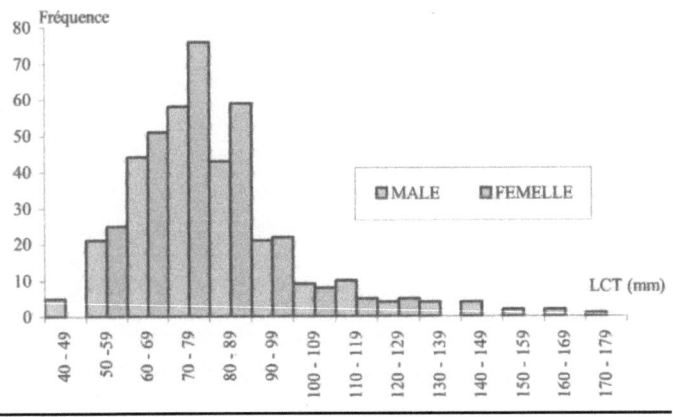

**Figure 15** : Distribution des fréquences par sexe

La composition en taille pour les deux sexes est presque identique malgré qu'on puisse rencontrer chez les mâles des individus de très petite et de grande LCT (figure 15). La classe modale est la même et qu'on peut trouver dans la capture des mâles dans la classe de 40-49mm jusqu'à une classe de 170-179mm tandis que chez les femelles, la LCT des individus commence par la classe de 50-59mm et n'atteigne pas au-delà de 120-129mm. Les mâles atteignent une taille plus grande et sont recrutés dans les zones de pêche plus petits que les femelles.

Les mâles ont une LCT moyenne de 80,73mm avec un écart type de 23,07 tandis que chez les femelles, la LCT moyenne est de 77,13mm avec un écart type de 14,55. L'absence des femelles de grande taille dans la capture pourrait être expliquée par leur taille maximale relativement plus petite par rapport aux mâles. En effet, les travaux de RANDRIANAVOKATRA (1990) montrent que la classe maximale pour la *Panulirus penicillatus* femelle du Sud Est de Madagascar est de 130-139mm alors que chez les mâles, elle est de 140-149mm.

**Tableau 09** : Tableau de résultat du STATISTICA
Stat. Descriptives (LCT mâle et femelle.sta)

|  | N Actifs | Moyenne | Minimum | Maximum | Ec-Type |
|---|---|---|---|---|---|
| MÂLE | 228 | 80,72807 | 42,00000 | 170,0000 | 23,07135 |
| FEMELLE | 251 | 77,13147 | 50,00000 | 129,0000 | 14,55207 |

La taille commercialisable actuelle est de 20cm de LT, soit 76,69 et 71,81mm de LCT respectivement chez les mâles et les femelles. Dans la capture des pêcheurs de CAP Masoala, 53,50% des mâles (122 individus/228 capturés) contre 35,05% des femelles (88/251) sont en dessous de la taille respectivement 77 et 72mm de LCT. Ainsi, 43,84% des individus capturés (210/479) sont en dessous de la taille commerciale acceptée.

Dans la Presqu'Île de Masoala, c'est dans la partie Ouest, aux alentours de Ratranavona qu'on peut rencontrer des individus de grande taille et à l'Est, dans les Parcs Marins.

### B.4.1- Sexe ratio

Sur les 479 *Panulirus penicillatus* capturées, la répartition par sexe est de 228 individus mâles, soit 47,60% des captures contre 251, soit 52,40% de femelles. Le ratio nombre des mâles/nombre des femelles est donc de 0,90 en faveur des femelles. Cette dominance en femelle chez la *Panulirus penicillatus* a été signalée par plusieurs auteurs et ces résultats semblent refléter les phénomènes biologiques car dans la nature, un mâle peut féconder plusieurs femelles et il est logique que leur nombre dans la capture soit moins important que les celui des femelles. RANDRIANAVOKATRA (1990) a trouvé les mêmes dominances des femelles dans la capture des pêcheurs du Sud Est de Madagascar. Cette abondance de femelles est rencontrée surtout chez les petits individus de LCT 50 à 99 mm de LCT (cf Annexe IV, tableau 02).

Toutes fois, le test de captivité des deux sexes nous donnera une confirmation s'il s'agit réellement d'une dominance dans la nature et non de la vulnérabilité des femelles à la pêche.

### B.4.2- Captivité des deux sexes

Les mâles, aussi bien que les femelles effectuent des migrations nycthémérales sur les zones de pêche, à la recherche de nourritures ou de partenaire et se sont piégés dans les filets des pêcheurs. Le test de captivité des deux sexes par le test de WILCOXON pour série appariée est la suivante :

$H_0$ : les deux échantillons appartiennent à une même population et leurs distributions suivent une loi normale

$H_1$ : la différence en nombre constatée dans les captures est significative

n = 27

M = 217

P = 161

$\frac{n(n+1)}{4} = 189$

$\sqrt{\frac{n(n+1)(2n+1)}{24}} = 41,623$

Intervalle de Confiance = 189 − 2 x 41,623 < 217 < 189 + 2 x 41,623
= 105,75 < 217 < 272,24 au seuil de 5%

Les valeurs de M et P calculés sont comprises dans l'intervalle de confiance au seuil de 5%, la différence en nombre constatée entre les deux sexes n'est pas donc significativement différente, par conséquent il n'y a pas de différence de captivité entre les deux sexes. Le nombre élevé en femelles dans les captures reflète donc la réalité dans le milieu naturel (nombre plus important en femelle) et par conséquent elle est plus abondante dans la capture que les mâles. Notre hypothèse précédente semble donc être vérifiée.

### B.4.3- Femelles ovées

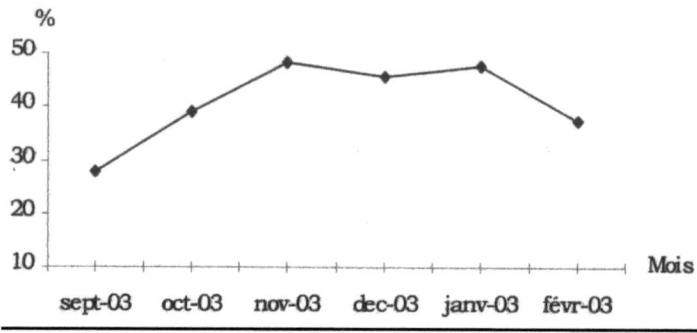

**Figure 16** : Évolution mensuelle du pourcentage des femelles ovées

La détermination de la première maturité chez les langoustes se fait par étude histologique au niveau des glandes génitales, qui dépasse le cadre de cette étude. Le signe le plus évident de la maturation sexuelle chez les femelles durant les études est la présence d'œufs sur l'abdomen pendant la période d'incubation. La plus petite femelle ovée mesurée a une LCT de 53mm.

Au mois de septembre, les ovées occupent 27,78% de l'ensemble des femelles (figure 16). Cette valeur augmente aux mois d'octobre (39,02%) et novembre (48,44%), se maintient aux mois de décembre (45,71%) et janvier (47,62%). Le pourcentage tend à fléchir au mois de février (37,50%).

Le taux des femelles ovées est relativement important durant les six mois d'étude mais c'est surtout durant les mois de novembre à janvier que les plus grands pourcentages sont observés. Ceci indique que cette espèce pourrait avoir une ponte étalée durant toute l'année et la première moitié de la période chaude semble coïncider avec la période de reproduction maximale. Aussi, les pêcheurs affirment la présence des femelles ovées durant toute l'année avec une proportion très élevée durant quatre mois (octobre à janvier). RANDRIANAVOKATRA (1990) aussi a remarqué les mêmes observations sur les *Panulirus homarus* et *Panulirus penicillatus* de Sud Est de Madagascar. Selon toujours cet auteur, cette préférence de saison chaude est justifiée par la réduction de la période d'incubation par élévation de la température de l'eau.

C'est surtout dans les intervalles de classe de LCT 70 à 99mm que la plus grande quantité de femelles ovées est observée (cf. annexe IV, tableau 04). Dans la classe de 70-79mm de LCT, la majorité des femelles est ovée est cette classe constitue ainsi la taille à la première reproduction.

Durant l'étude, les femelles ovées représentaient 43,82% de l'ensemble des femelles et 22,96% de l'ensemble des captures

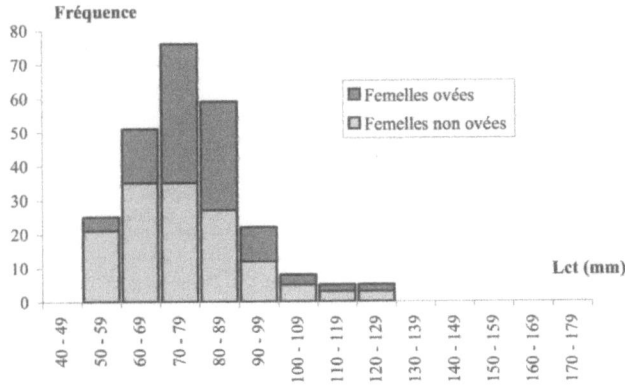

**Figure 17** : Distribution de fréquence des femelles ovées pour chaque classe de taille

### B.5- Capture par unité d'effort (CPUE)

La Capture par Unité d'Effort dépend de la technique de pêche utilisée et de l'expérience du pêcheur. Un novice capture moins qu'un pêcheur professionnel ou maître dans ce métier.

Pour la pêche aux filets, l'unité à laquelle va se mesurer l'effort de pêche est le filet dont un pêcheur de langouste dans la région utilise en moyenne 13 par activité. La capture par unité d'effort est donc la quantité de langouste capturée par filet par pêcheur et par activité de pêche. Dans la Presqu'Île, la pêche aux langoustes se fait une seule fois par jour et la C.P.U.E est ainsi la quantité de langouste capturée par filet par pêcheur et par jour (g de langoustes/filet/pêcheur/j).

La capture par unité d'effort moyenne est de 361g par filet par pêcheur et par jour ou activité de pêche (cf. annexe VI). Elle est plus importante à Namantoana (704g), due à une faible pression de pêche exercée dans cette zone (3 pêcheurs de langoustes seulement). C'est à Ambodirafia que la capture est la plus basse (176,75g) car ce village est accessible par des voitures. Des pêcheurs proches d'Antalaha et de la zone périphérique y viennent pour pêcher et l'écoulement des produits est plus facile.

**Tableau 10** : C.P.U.E moyennes pour chaque village de pêche
(sept 2003-fev 2004)

| Villages | CPUE moyenne (g.filet$^{-1}$pecheur$^{-1}$jour$^{-1}$) |
|---|---|
| Namantoana | 704,00 |
| Ankoalahidy | 276,74 |
| Ratsianarana | 261,83 |
| Ambodirafia | 176,75 |
| Maharavo | 524,92 |

A Ratsianarana, la pression de pêche est aussi importante et il est normal que sa CPUE se situe en avant dernière position. Ce village faisait partie d'une des bases des sociétés de pêche qui ont effectué des prospections dans la région.

Pour les 13 filets utilisés par activité de pêche, la capture moyenne par pêche est de 4660g de langoustes et par pêcheur.

Toutefois, certains résultats méritent d'être approfondis car le nombre et les périodes d'observation dans les villages sont très différents. Les données pour quelques villages ne sont pas interprétées car la pêche aux filets ne s'y pratiquait pas ou la période de recherche ne coïncidait pas aux activités de pêche. Les pêcheurs étaient soient en déplacement ou occupés par d'autres activités génératrices de revenus.

Pour la pêche à la lumière et en plongée, elle dépend de la durée de pêche. Il est très difficile de donner des chiffres sur la performance de ces deux techniques à cause du nombre très restreint d'observations.

## C- COMMERCIALISATION ET PRODUCTION DANS LA RÉGION

A l'issu de ce chapitre, on va essayer d'énumérer les lieux d'écoulement des langoustes pêchées dans la Presqu'Île de Masoala.

### C.1- Conservation vivante des langoustes

Contrairement dans la plupart des côtes malgaches où la pêche langoustière se pratique, il n'y a pas de collecteurs qui descendent au niveau des villages de pêcheurs de langoustes du CAP Masoala durant la période d'étude.

Après chaque pêche, les langoustes capturées sont mises dans des *rova*[6]. Elles ne seront mises en vente que si le poids total de la capture atteint un certain seuil (20kg à 60kg) et pendant la période des mortes eaux durant laquelle les activités sont ralenties. Dans la plupart des cas, le pêcheur vend ses captures une fois par mois.

Chaque pêcheur adopte son propre type de vivier. Le plus classique est la nasse (figure 18, page 64) et parfois de simples viviers comme le sac de riz ou des filets à crevette des chalutiers cousus comme un sac, une cage en bois recouvert de filet ou simplement une cour construite dans l'eau. Ces viviers sont encrés ou placés dans des zones non rocheuses (pour éviter les poulpes) où l'eau est circulante et a une profondeur de plus de 1m à marée basse.

---

[6] Vivier traditionnel

Durant la conservation dans les viviers, les langoustes sont alimentées avec des

**Figure 18 :** Vivier classique
(*Photo : Auteur*)

feuilles de papaye, d'oursins et des algues brunes. Certains pêcheurs préfèrent ne pas nourrir leurs langoustes en captivité car ceci pourrait causer leur mort. Effectivement durant notre passage, nous avons fait face à de fortes mortalités des langoustes dans les viviers des pêcheurs qui pourraient être dues soit à une mauvaise alimentation (manque ou inadéquate), à des emplacements inappropriés (à proximité d'important apports d'eau douce) ou simplement dues à un fort cannibalisme des individus, ou aussi à une surcharge dans les viviers. En fait, la densité de stockage et les lieux d'emplacement des viviers sont toujours fixés empiriquement, ce qui provoque souvent des taux de mortalité important.

### C.2- Écoulement des langoustes

Quand plus de 20kg de langoustes se trouvent dans les viviers ou que la période des mortes eaux s'entame, les pêcheurs écoulent leurs produits.

Les pêcheurs de la côte occidentale de la Presqu'île, les moins nombreux d'après le recensement fait entre Ambodiforaha et Masoala (au nombre de 3, cf. tableau 07 page 54) écoulent leur produit à Maroantsetra. Les acheteurs sont les hôteliers et les particuliers. Les pêcheurs font aussi de la porte à porte et mettent en vente les langoustes entières vivantes ou mourantes à raison de 5.000Ar le kilogramme. La quantité achetée par chaque acheteur est très modérée, oscillant entre 1 à 3kg par client. Quelque fois même, les pêcheurs préfèrent mettre en vente leurs langoustes dans les villages environnants leur habitation comme Fampotabe ou Masoala à raison de 1.000 à 2.000Ar l'individu.

Les pêcheurs entre Masoala et Tanjona mettent en vente leurs langoustes à Mananara et parfois à même Tamatave. A Mananara, il n'y a pas de collecteur régulier. Quelques opérateurs ont essayé de temps en temps la collecte et la vente vers la capitale malgache mais des arrêts surviennent après quelques mois à cause des problèmes d'évacuation de produits et l'irrégularité de l'approvisionnement par les pêcheurs. Seul les restaurants et quelques particuliers sont les acheteurs à un prix variant de 3.000 à 4.000Ar le kilo de langouste entière. Par contre à Tamatave, le prix est plus intéressant, de l'ordre de 6.000 à 10.000Ar le kilo de langouste entière mais l'acheminement des produits de la Presqu'Île vers Tamatave est très complexe par absence de circuit commercial direct entre ces deux lieux. L'escale à Mananara est inévitable et maintenir des langoustes vivantes jusqu'à son point de destination finale est très difficile.

Pour les pêcheurs entre Tanjona et Ambinany Maharambo, la vente s'effectue à Antalaha. C'est donc dans cette ville que la plus grande quantité de langoustes pêchées dans la région est commercialisée et un nombre important de pêcheurs habite entre ces 2 villages.

A Antalaha, l'installation d'un collecteur régulier et permanent y est plus favorable car cette ville bénéficie d'une situation économique plus avancée (transport aérien régulier, moindre panne d'électricité, …). Le prix d'achat en kilo fluctue entre 3.500 à 4.000Ar pour les langoustes entières et 7.000 à 9.000Ar pour les queues de langoustes (tableau 11, page 66). Cette instabilité de prix chez le collecteur résulte de la loi de l'offre et la demande des acheteurs en dehors d'Antalaha.

**Tableau 11** : Évolution des prix du kg de langoustes dans la région

| Année | 1987 | 1996 | 2003 - 2004 |
|---|---|---|---|
| Langouste entière | 200 à 300Ar | 2.000 à 2.500Ar | 3.500 à 4.000Ar |
| Queue de langouste | - | - | 7.000 à 8.000Ar |
| Lieu d'achat | village de pêche | village de pêche | **Antalaha** |

*Source : Enquête*

### C.3- Conditionnement et traitement des produits

Le système de collecte et le traitement des produits restent très peu organisés. La plupart des productions échappent encore à la statistique. Le collecteur n'effectue pas des déplacements sur les zones de pêche. Les moyens de conditionnement au frais des produits se limitent seulement à trois congélateurs de 400 litres.

Les langoustes entières vivantes entre 400 - 700g et les queues (dérivées des langoustes moins de 300g et plus de 700g) sont emballées avec une cellophane fin,

congelées, mises en carton ordinaire et acheminées dans la capitale (Antananarivo) chez les poissonneries ou les établissements exportateurs de produits de mer qui seuls connaissent ensuite leurs pays de destination.

**Figure 19** : Langoustes congelées prêtes à être envoyées à Antananarivo
(*Photo : Auteur*)

### C.4- Estimation de la quantité de langoustes pêchées production et potentiel de la région

Des enquêtes effectuées dans les villes de Maroantsetra, Antalaha, Mananara et Sainte Marie ont permis de collecter quelques données estimatives de la quantité de langouste pêché du stock de Palinuridae du CAP Masoala. On attend par "stock", l'ensemble des animaux exploitable d'une population (MARA, 1993).

A Maroantsetra et à Mananara, les données statistiques de vente ne sont pas disponibles car Il n'y a pas de collecteur dans ces villes et très peu de quantité de langouste semble y être commercialisée. Les achats effectués par les particuliers et les restaurateurs sont très aléatoires et l'interprétation des données obtenues durant l'enquête est très difficile. Elles ne sont pas fiables.

C'est à Antalaha que la plupart des produits pêchés sont commercialisés. Le registre personnel du collecteur et au niveau de l'administration des pêches à Sambava montre une quantité annuelle de 5.100kg de langoustes entières et 1.200kg de queue de langouste (équivaut à peu près à 3.600 kg de langouste entière) envoyées vers la capitale. Toutefois, il faut être prudent en interprétant ces données car ces quantités proviennent essentiellement entre les villages d'Ambinany Maharambo et Ankarandava et sont constituées principalement par la *Panulirus penicillatus*. En plus, une perte pouvant aller jusqu'à 90% des produits peut se produire lors de l'acheminement des langoustes par le pêcheur jusqu'au collecteur, sans compter les pertes durant le maintien en vie dans les viviers au niveau des villages ou sites de pêche. Les quantités vendues en dehors collecteur échappent totalement à la statistique à cause de l'irrégularité des achats.

A Sainte Marie, l'acheminement des langoustes vivantes est difficile pour les pêcheurs malgré l'existence une société de pêche agréée par l'Union Européenne, prête à les acheter. Cette société (la Société de Pêche de Sainte Marie ou SPSM) a fait une expédition de collecte dans la région en 2001 et a collecté en moyenne 800kg par semaine de langouste entière et uniquement durant les marées de vives eaux. En bien motivant les pêcheurs, la quantité fut montée jusqu'à 2 tonnes, capture constituée par les quatre espèces existantes dans la région. Mais, cette amélioration de production n'a pas été soutenue car le stock disponible ne peut plus satisfaire l'effort de pêche. Les mauvaises conditions météorologiques ont aussi limité l'accès en mer des pêcheurs et la collecte n'est possible que pour une durée annuelle de six mois seulement.

Une autre société de pêche (la SIMAP) qui était aussi implantée à Sainte Marie avait fait une expédition de collecte dans la région. En l'an 2000, la quantité collectée fut 12 tonnes de langouste entière toutes les espèces confondues.

Les deux sociétés ainsi que d'autres collecteurs ont cessé leurs collectes dans la région car selon les responsables, ils n'ont pas trouvé leurs activités bénéfiques. L'investissement maritime très coûteux n'a pas été rentabilisé par la quantité de produit récolté. La principale cause serait le mauvais état de la mer qui limite les activités de pêche et la difficulté d'accès dans certaines zones de pêche. La pêche devient donc une activité secondaire pour les autochtones les professionnels de langouste de la région sont tous des immigrants.

Dans la catégorie qui nous intéresse et en extrapolant les 800kg de langoustes par semaine, 1.600kg sont donc ainsi pêchés chaque mois. Pour les six mois d'activité, la production serait donc de 9.600kg pour une campagne.

De ce fait, la production langoustière annuelle de la région se situerait entre 8 à 12 tonnes en bien motivant les pêcheurs. Toutefois, il serait prudent de limiter jusqu'à quel niveau l'incitation à la pêche car une surexploitation est toujours à craindre.

## D- IMPACTS DE LA PECHERIE

La pêcherie langoustière de la Presqu'île présente deux catégories d'impacts :

### D.1- Impacts socio-économiques

Cette pêcherie est la source de revenu pour les acteurs directs de la filière comme les pêcheurs et les collecteurs. En effet, elle contribue à la survie de plus de 43 familles de pêcheurs à plein temps et temporaires. C'est une source de revenu déterminante, en ajout des autres activités comme l'agriculture, le commerce, etc......

Elle contribue aussi à l'apport protéinique de plusieurs familles malgré que la langouste soit une denrée alimentaire très peu connue par les villageois et par les prises accessoires à la pêche comme les poissons et les crabes.

C'est une source de devise pour le pays car la quasi-totalité des langoustes malgache est exportée vers les pays de l'Europe et de l'Asie.

### D.2- Impacts environnementaux

A l'opposé des impacts positifs, la pêche langoustière présente des impacts néfastes surtout pour le milieu d'exploitation qui est le milieu marin.

#### D.2.1- Destructions mécaniques des coraux vivants

Les récifs coralliens constituent un écosystème très important du milieu marin. En effet, c'est un écosystème riche et très productif par ses rôles : habitat, lieu de reproduction et de recherche de nourritures pour les animaux marins comme les poissons, crabes, langoustes, gastéropodes,...........

Les coraux branchus sont très fragiles et donc sensibles aux chocs provoqués par les techniques de pêche langoustière.

##### D.2.1.1- Destructions causées par les accrochages des filets

Durant la pratique de la pêche, les filets de langoustes, très souples qui sont mouillés au niveau de la zone friable, zone des déferlantes du récif corallien et zone très riche en coraux encroûtant, se tortillent sur les coraux. Il est difficile de détacher le filet du corail et la lutte avec les vagues est permanente. Pour que le filet se libère automatiquement, les pêcheurs écrasent avec leurs bottes les ramifications du corail. L'enlèvement avec la main est rare car il demande beaucoup de temps et que le pêcheur risque à tout moment d'être renversé et emporté par les vagues, provoquant par conséquent des blessures graves et la perte des objets qu'il porte.

On a compté les accrochages observés durant les activités de pêche en fonction du nombre de filets utilisés. Ils sont très aléatoires, dépendant du taux de recouvrement des coraux de la zone de mouillage. Ces coraux sont écrasés partiellement ou en totalité suivant l'importance de l'accrochage. L'attitude des pêcheurs durant l'acte d'écrasement montre une certaine méfiance.

**Tableau 12** : Nombre d'accrochages lors des activités de pêche

| Sorties | 1 | 2 | 3 | 4 | 5 | 6 | 7 | 8 |
|---|---|---|---|---|---|---|---|---|
| Nombre de filet | 02 | 03 | 03 | 07 | 09 | 09 | 15 | 22 |
| Nombre d'accrochages | 14 | 15 | 17 | 41 | 12 | 23 | 09 | 16 |

Ils sont conscients qu'ils perpètrent des destructions environnementales mais la technique selon eux n'engendre pas d'autres alternatives.

### D.2.1.2- Destructions engendrées par l'activité de pêche

D'autres origines de destructions mécaniques de coraux sont l'écrasement volontiers et le piétinement durant les activités de pêche. Les pêcheurs en apercevant des coraux bien développés les écrasent volontairement pour éviter les futurs accrochages. Le passage fréquent des pêcheurs sur la zone récifale détruit ainsi un grand nombre de coraux.

Ces actes néfastes pour le milieu marin surtout récifal contribuent à la perturbation de la croissance des organismes bios constructeurs. L'écosystème diminue de productivité par manque de développement des coraux.

### D.2.2- Diminution de la population de langouste par le non-respect de la législation

La législation antérieure regarde uniquement les retombés économiques de la pêcherie langoustière, sans se soucier du risque que peut entraîner cette activité par épuisement de stock, voire même la disparition de la population de langoustes malgache. En effet, cette législation fixe une période de pêche allant du mois d'avril jusqu'au mois de décembre pour éviter la manque d'approvisionnement durant la fête de fin d'année. Or le taux des femelles ovées est très élève du mois d'octobre jusqu'au mois de janvier. Durant cette étude, on a constaté que 43,82% des femelles sont ovées. Les pêcheurs ne relâchent pas ces principaux moteurs du renouvellement de stock et avant la mise en vente, les œufs sont arrachés de l'abdomen avec des brosses.

Le non sélectivité des engins très utilisés lui permet aussi de capturer les individus en dessous de la taille minimale autorisée. Durant l'enlèvement des langoustes du filet, les petits individus perdent au moins 30% de leurs péréiopodes car les pêcheurs font une course avec la marée. Quelque fois, ces langoustes sous mesures sont relâchées mais leur chance de survie demeure faible puisque la fuite face à un prédateur n'est pas assurée. Dans la plupart des cas, les pêcheurs préfèrent cuire les petites langoustes ou les vendre dans leur village.

Aussi, la période de fermeture n'est pas totalement respectée. Les pêcheurs commencent à pêcher un mois avant l'ouverture et dissimulent les viviers loin du village. Dès que la campagne est ouverte, les langoustes qui ont survécu aux mauvaises conditions de rétention sont mises en vente.

### D.2.3- Risque de perturbation de l'écosystème récifal

Un écosystème inclue à la fois la biocénose (le monde vivant), le biotope (domaine physique) et toutes les interactions qui s'y déroulent. La biocénose est en équilibre avec ses formes de vie par l'intermédiaire de la chaîne alimentaire. Chaque organisme dans le milieu dépend de l'autre par la dépendance alimentaire. La modification d'un des paramètres de l'écosystème peut conduire au déséquilibre de celui ci, parfois de manière irréversible. Les filets, non sélectifs capturent une importante quantité de crabe par *by-catch*

En effet, cinq espèces de crabes constituent la capture accessoire des filets à langoustes qui sont *Eriphia smithii*, *Leptodius sanguineus*, *Carpilius maculatus*, *Daira perlata* toutes de la Famille des Xanthidae et *Lupa pelagica*, de la Famille des Portunidae.

Les gros individus sont valorisés par la consommation humaine tandis que les petits sont tués pour ne plus revenir sur les filets. Actuellement, il existe des zones de pêche très fréquentées comme Ankarandava où les pêcheurs capturent rarement les crabes qui étaient auparavant plein à chaque vérification de filets.

On peut dire que le milieu est devenu pauvre en population de crabes ou bien une migration des spécimens vers d'autres biotopes plus sécurisés s'est produite. L'équilibre de l'écosystème récifal pourrait être perturbé par le manque de ces cinq espèces de crabe.

**Figure 20** : Trois espèces de crabes formant la capture accessoire
(*Photo : Auteur*)

## E- ANALYSE DE LA SITUATION ACTUELLE DE LA PÊCHERIE LANGOUSTIÈRE

La pêcherie langoustière de la Presqu'Île est confrontée à trois problèmes majeurs :

### E.1- Absence de débouché direct des produits

Les pêcheurs de la Presqu'Île n'échappent pas aux habitudes des pêcheurs malgaches. Les produits de la pêche devraient être écoulés tout de suite pour répondre aux besoins familiaux et personnels. Sans cet écoulement immédiat de produits, les pêcheurs ne sont pas attirés par l'activité et cherchent à pratiquer d'autres activités qui assurent une rémunération plus rapide. Cette absence de débouché direct de langoustes est due au non-déplacement des acheteurs vers les lieux de pêche car les infrastructures routières, moyens d'accessibilité vers les lieux de pêche sont impraticables.

Contrairement à la région Sud de Madagascar qui est une région semi aride où la plupart des villages de pêche sont accessibles en voitures tout terrain ou en camions, la situation n'est pas favorable à ces moyens de déplacement dans la région d'étude car des fleuves et des cours d'eaux entrecoupent de temps en temps les chemins et les moyens de passage comme les ponts et les bacs n'existent pratiquement pas. Il est donc impossible d'accéder en moyens roulants dans les villages de pêches. L'utilisation de la mer comme alternative est très coûteuse et les conditions météorologiques sont dans la plupart des cas très difficiles.

### E.2- Difficulté des pêcheurs dans la pratique de l'activité

Cette situation est causée par :
- Le coût de fabrication des engins qui revient trop cher pour les pêcheurs. Un filet à langoustes revient à 12.000Ar l'unité et il faut plusieurs filets (au moins 10) pour qu'une activité soit rentable. Les entretiens accentuent leur cherté.
- Le temps consacré à l'entretien est important et la quasi-totalité de l'emploi du temps du pêcheur y est réservée. Il ne peut plus effectuer d'autres activités rémunératrices directes. Dans la plupart des cas, le pêcheur seul n'arrive pas à entretenir convenablement et à temps ses filets à utiliser. Sa compagne l'aide

énormément dans ce travail et les femmes des pêcheurs à langoustes sont devenues des réparateurs de filets de leurs maris.

- L'activité de pêche même est difficile pour les autres pêcheurs car elle demande beaucoup d'efforts physiques (lutte en permanence avec les vagues). En plus, il indispensable de maintenir des langoustes dans les viviers pendant plusieurs jours.

**Figure 21** : Filet à langoustes et ses déchirures
(*Photo : Auteur*)

### E.3- Instabilité des prix et irrégularité de paiements

L'offre et la demande chez les collecteurs varient énormément car ils dépendent de la possibilité de paiement de leurs clients de la capitale. Quelques fois à court de moyens, le collecteur effectue des achats par crédit ou arrête même la collecte. Dans cette situation, les pêcheurs devraient alors chercher d'autres moyens pour écouler leurs langoustes. Toutefois pour soutenir les pêcheurs, le collecteur donne des prêts ou des matériaux de confection de filets que les pêcheurs remboursent avec les produits.

Il est important pour la gestion de cette ressource et des parcs marins de considérer les situations existantes car elles peuvent changer d'un jour à l'autre. Les pêcheurs ordinaires sont prêts à pratiquer l'activité si l'écoulement sur place est assuré. Pourtant, la ressource semble être fragile et un collecteur prêt à s'installer au niveau des villages de pêche peut basculer la situation et augmenter considérablement la pression de pêche par accroissement du nombre de pêcheurs actuel suivi d'une intensification des activités.

# CONCLUSION

Cette étude menée dans la frange côtière de la presqu'île couvrant le CAP Masoala du 21 septembre 2003 à 24 février 2004 a permis de conclure que quatre espèces de langoustes habitent les écosystèmes récifaux de la région. Chaque espèce occupe une zone spécifique répondant à la physiologie de l'animal. La répartition dans l'espace présente la *Panulirus ornatus* la plus côtière des espèces, sous les blocs rocheux de la zone des herbiers. La *Panulirus versicolor* se rencontre aussi dans le lagon mais dans une zone plus profonde et dans la zone des micro-atolls, suivie de la *Panulirus japonicus* qui se trouve à proximité de la levée, une zone agitée, plus précisément au niveau du platier friable et les bordures des passes. La dernière espèce, la *Panulirus penicillatus* occupe une zone très agitée du récif (front récifal) et du littoral à faible profondeur.

Les trois dernières espèces, plus particulièrement la *Panulirus penicillatus* qui constitue 99,58% des captures sont soumises à trois techniques de pêche dont la plus utilisée est le filet, suivi de la lumière et en dernier degré la plongée. La pêche à la lumière est aussi utilisée par les pêcheurs aux filets comme complément de technique.

Les relations biométriques ont montré que les femelles de la *Panulirus penicillatus* possèdent toujours une longueur totale et un poids plus grand que les mâles pour une même longueur de la carapace. Ce dimorphisme est de plus en plus palpable au fur et à mesure de l'augmentation de la taille des individus.

La majeure partie des individus capturés (69,10%) a une longueur céphalothoracique entre 60-89mm, soit 16 à 24cm de longueur totale. La *P penicillatus* se trouve dans sa phase d'exploitation normale car le mode se situe dans un intervalle de classe moyenne et que 43,84% des individus capturés sont en dessous de la taille minimale commercialisable. Les mâles atteignant une taille plus grande ont une longueur céphalothoracique moyenne de 80mm plus ou moins 23mm tandis que les femelles ont 77mm plus ou moins 14mm. Ces dernières sont dominantes dans les captures et représentent 52,40% de l'ensemble contre 47,60% de mâles.

La maturité des femelles a été définit comme la présence des œufs sur l'abdomen et les femelles mûres représentaient 43,82% de l'ensemble des femelles, maturité rencontrée surtout dans les classes de 70 à 99mm de LCT. La période de reproduction maximale se situe durant la première moitié de la saison chaude (novembre à janvier) avec un pourcentage relativement supérieur à 45%.

La capture par unité d'effort moyenne est de 361g de langouste par filet par pêcheur et par activité de pêche, soit 4,660kg par pêche et par pêcheur pour 13 filets en moyenne utilisés durant chaque activité de pêche.

La commercialisation des langoustes après une maintient en vie dans des viviers traditionnels au niveau des villages de pêche pendant plusieurs jours s'effectue dans les trois villes entourant la Presqu'île ; Maroantsetra, Mananara, Antalaha et c'est dans ce dernier que la plus grande quantité est écoulée par effet du nombre important de pêcheur dans son entourage. La quantité de langoustes qui pourrait être pêchée chaque année dans la région est estimée entre 8 à 12 tonnes toutes les quatre espèces existantes confondues.

Malheureusement les techniques de pêche pratiquées engendrent d'importants dégâts sur l'écosystème marin de la région, surtout les récifs qui sont les bases des activités halieutiques. Ainsi, pour la gestion des Parcs Marins, la gestion des ressources halieutiques de haute importance économique et la conservation des patrimoines naturels du pays et conformément à la recommandation de la FAO sur le code de conduite pour une pêche responsable qui stipule que les engins, méthodes et pratiques de la pêche devraient dans la mesure du possible suffisamment sélectif et respectueux de l'environnement (FAO, 1995), il est recommandé de :

1. interdire l'utilisation des filets à langouste dans les Parcs Marins, vu les dégâts causés par l'utilisation de ce type d'engin sur l'écosystème récifal et aussi sur le stock de langouste de la région. Les filets à langoustes peuvent transformer en peu de temps un écosystème riche en coraux vivant en un écosystème rocheux très dégradé,
2. sensibiliser les pêcheurs de langoustes concernant les dégâts causés par leurs filets. On pourrait les initier à changer de technique de pêche plus écosystémique en valorisant les autres techniques comme la pêche en plongée, en facilitant l'acquisition des matériels indispensables pour la pratique cette technique,
3. sensibiliser les pêcheurs sur l'importance du respect de la législation en vigueur. Les femelles ovées ainsi que les individus en dessous de 20cm doivent être relâchés car ils assurent le renouvellement du stock. L'utilisation durable des ressources par conséquent leurs revenus dépendent donc du respect de cette régulation,
4. créer un comité local mixte de surveillance constituée par les ACEs[7], CDZ[8], les Élus, les Chefs Quartiers pour la surveillance de cette pêcherie. Le service régional de la pêche est basé à Sambava et possède très peu de moyen la suivie de la filière. Sans la participation de l'ANGAP, la pêcherie serait totalement non contrôlée. Il est aussi souhaitable que l'administration des pêches installe une subdivision du service Surveillance de Pêche à Antalaha qui sera plus proche de la zone,
5. maintenir la période de fermeture annuelle de la pêche actuelle de 01 octobre à 31 décembre car c'est dans cette période que le taux des femelles ovées est le plus important.

---

[7] Agent de Conservation et d'Éducation du Parc National Masoala

Cette étude qui concerne les langoustes de la région est une étude pionnière. Des recherches supplémentaires avec des moyens plus importants sont nécessaires car cette région et surtout les PM associé à la mode de vie superficielle de la *Panulirus penicillatus* offrent des opportunités pour des études de la ponte et de la période d'incubation, de la mue, une évaluation de captures bouclant un cycle de production et ainsi que l'introduction d'une nouvelle technique de pêche alternative pour substituer la technique destructrice actuellement pratiquée.

---

[8] Chef De Zone du Parc National Masoala

# REFERENCES :

ANONYME, 2003 : Monographie de la région du SAVA – M.A.E.P– Unité de Politique pour le Développement Rurale. Document PDF 115p

ANONYME, 2006 : 4$^è$ Partie : Études des captures professionnelles. Site Internet http://pages.univ-nc.nc/~coutures/part-4.pdf

BERRY. P., 1971: The Biology of the Spiny Lobster *Panulirus homarus* (LINAEUS) off the East Coast of the Southern Africa. South African Association for Marine Biological Research. Oceanographic Research Institute. Inv. Rep.28.

BERRY. P., 1974: A revision of the *Panulirus homarus* group of spiny lobsters (Decapoda, Palinuridae). Crustacean, 27 (1), 31-42 (Oceanography Research. Institute, Durban, South Africa.)

CHITTLEBOROUGH. R.G, 1975: Environmental factors affecting growth and survival of juvenile western rock lobsters, *Panulius longipes* (Milne-Edwards). *Aust. J. Mar. Freshwater Res.***26**, 177-96.

COOB J. S. et B. F. PHILLIPS, 1980: The biology and Management of Lobsters. Vol I et II. Academic Press, Inc. 463 p.

FAO, 1995 : Code de conduite pour une pêche responsable. Rome, FAO. 46p

FISCHER. W., et G. BIANCHI, 1984 : FAO Species Identification Sheets for Fishery Purposes – Western Indian Ocean – Fishing Area 51 - Volume V, pag. var

GRACE. P P. et al., 1963 : Zoologie 2. Les Arthropodes. Crustacés. Encyclopédie de la Pléiade.

GUIDICELLI M., 1971 : La langouste, sa Biologie et sa Pêche, le Stockage de la langouste tropicale vivante, son Conditionnement et son Exportation. Biologie Écologie Marine Section Agronomie.

GUIDICELLI M., 1974 : Les pêcheries maritimes malgaches : leurs principaux potentiels et leurs besoins pour le développement. 37p

JAOMANANA, 2003 : Terme de Référence – Contrat de Stage d'Étudiant

JAOMANANA, RAKOTOARINIVO A. W. et MACKINNON J., 1998 : Plan de Gestion des Parcs Marins de CAP Masoala. Document WCS – PNM - MINENV.

JOSEPH POUPIN, 2005 : Systématique et écologie de Crustacés Décapodes et Stomatopodes de Polynésie française. Mémoire pour l'obtention d'une H.D.R, Faculté des Sciences - Université de Perpignan. Site Internet http://www.ecole-navale.fr/fr/irenav/cv/poupin/publis/hdr-total-c.pdf

KOURKOULIOTIS K. et H. RAZAFIMBELO, 1999 : Aménagement de la pêcherie langoustière. PSP PNUD/FAO. MAG/97/008-DT/16/99, 193p.

MARA E. R., 1993 : Bio écologie et Dynamique des Populations de langoustes Palinuridae Australes Malgaches. Thèse de Doctorat Université de Toliara, Institut Halieutique et des Sciences Marines Toliara Madagascar.

MICHEL A., 1971 : Note sur les Puerulus de Palinuridae et les larves Phyllosommes de *Panulirus homarus* - Cahier ORSTOM, série Océanographie vol IV, n°4, Site Internet http://www.bondy.ird.fr/pleins_textes/cahiers/oceanographie/19615.pdf

NATSIR N. et RACHMAN A., 1989: Experiment on lobster propagation in proceedings of the shrimp culture industry workshop. Brackishwater Aquaculture Development Centre. Directorate General of Fisheries. Ministry of Agriculture. pp133-135

PICHON M., 1964 : Contribution à l'étude de l'écologie et des méthodes de pêche des Palinuridae dans la région de Nosy-be (Madagascar). 71p

RANAIVOSON E., 1991 : Les langoustes exploitées de l'extrême Sud de Madagascar : EcoBiologie et pêche. Mémoire de DEA - Université de Toliara - Station Marine de Toliara - Madagascar. 78p

RANAIVOSON J. G., 2000 : Connaissance écologique traditionnelle des pêcheurs de la Presqu'Île. Mémoire de DEA. - IH.SM - Université de Toliara.

RANDRIANARISOA Y. L, 2006 : La pêcherie crevettière dans la Baie d'Antongil (Madagascar) : approche écosystémique des captures secondaires. Thèse de Doctorat. – Institut Halieutique et des Sciences Marines. Université de Toliara. 181p

RANDRIANAVOKATRA J. R., 1990 : Contribution à l'étude éco-biologique des langoustes exploitées dans la région du Sud-Est de Madagascar. Mémoire de D.E.A, Université de Toliara. Station Marine de Toliara - Madagascar. 75p

RASOAMANENDRIKA F. M. A., 2006 : Bio-écologie des mollusques bivalves comestibles et importance de la mise en place de gestion des trois parcelles marines dans la Presqu'Île de Masoala (N-E de Madagascar). Mémoire de DEA - Institut Halieutique et des Sciences marines (IH.SM). Université de Toliara - . 74p

SCARRAT. D.J and RAINE. G. E., 1967: Avoidance of low salinity by newly hatched lobster larvae. *J. Fish. Res. Board Can., Tech. Resp.* **235**, 1-128

SAMSOODIN M. W., 1979 : Les langoustes aux Seychelles. Mémoire de fin d'étude, Mention "Halieutique". École Nationale Supérieure d'Agronomie de Rennes. 71p

TEMPLEMAN, 1936: Further contributions to mating in the American lobster. *J. Biol. Board Can.* **2,** 223-226

WCS, 2003 : État des lieux, première version (Initiative pour la gestion durable de la Baie d'Antongil)

# ANNEXES

# ANNEXE I
## FICHE : BIOMETRIE – CAPTURE - EFFORT DE PECHE

| Date : | | Village : | | | |
|---|---|---|---|---|---|
| Nombre de pêcheur : | | Nombre de filet : | | | |
| Espèces | LCT (en mm) | LT (en mm) | P (en g) | sexe | |
| | | | | | |
| | | | | | |
| | | | | | |
| | | | | | |
| | | | | | |
| | | | | | |
| | | | | | |
| | | | | | |
| | | | | | |
| | | | | | |
| | | | | | |
| | | | | | |
| | | | | | |
| | | | | | |
| | | | | | |
| | | | | | |
| | | | | | |
| | | | | | |
| | | | | | |
| | **Poids total de la capture** (en gramme) | | | | |

## ANNEXE II
## FORMULAIRE D'ENQUÊTE

### A. Pêcheurs de langouste
#### I. Identification du pêcheur
1. Age:　　　　　ethnie :　　　　　　　　niveau d'instruction :
2. Situation matrimoniale :　　　　　　　enfants à charge :
3. Profession avant :
4. Pêche aux langoustes depuis combien de temps :
   Pourquoi avoir choisi le métier ?
5. Pratique t-il d'autres activités ?
6. Est-il patron de pêche ou employé ?

#### II. Activités de pêche :
7. Inventaire des moyens de production :
8. Leurs caractéristiques :
9. Les périodes de pêche :
10. Nombre de jour de pêche :　　　　　/semaine　　　　　　/mois
11. La technique :
12. Les zones de pêche :
13. Capture :
    Les espèces capturées (noms vernaculaires) :
    Le poids a chaque sortie :
14. Commercialisation :
    Comment s'effectue ?
    Où ?　　　　　　　　　　Prix de vente du produit :
    Poids total à chaque vente (en moyenne) :
15. Période d'abondance des langoustes :
    Pourquoi ?
16. Situation actuelle de la pêcherie :
    Comment se présente cette tendance ?
    En conséquence, est-ce que le pêcheur a modifié sa technique :
        Comment ?
17. Connaissance des textes réglementant l'exploitation de cette espèce :
18. Problèmes éventuels rencontrés vis à vis :
    des activités de pêche :
    de l'existence des Parcelles Marines

### B. Pêcheurs de langoustes et pêcheurs ordinaires
1. Existence des langoustes dans la région :

*Panulirus penicillatus* :
Nom vernaculaire :
Localisation        :
Type de roche       :
Profondeur          :
Mode de vie         :

*Panulirus versicolor* :
Nom vernaculaire :
Localisation        :
Type de roche       :
Profondeur          :
Mode de vie         :

*Panulirus japonicus* :
Nom vernaculaire :
Localisation        :
Type de roche       :
Profondeur          :
Mode de vie         :

*Panulirus ornatus* :
Nom vernaculaire :
Localisation        :
Type de roche       :
Profondeur          :
Mode de vie         :

2. Espèces capturées accidentellement par leurs engins :
    Filets maillants :    fréquence :
    Casiers    :    fréquence :
    Autres     :    fréquence :

## C. Collecteurs
1. Zones de collectes :
2. Comment s'effectue la collecte :
    Déplace sur lieux de pêche :    oui    non
3. Prix d'achat :
4. Tonnage annuel global :
5. Statistique par zone :
6. Traitement du produit :
7. Débouchés :

## ANNEXE III

## RESULTATS DES OBSERVATIONS IN SITU

| Date | Zone | Lieux | Profo-ndeur | Substrat | Espèce | Nbre min |
|---|---|---|---|---|---|---|
| 23 nov 2003 | Zone périphérique | Ambohombato | 2m | bordure de coraux vivants | P. versicolor | 1 |
| 02 dec 2003 | ND Ankarananivo | PM Tanjona | 2 à 6m | - | - | - |
| 04 dec 2003 | Passe | Ambodilaitra | 2,5m | acropore vivant | P. versicolor | 1 |
| | Passe | Ambodilaitra | 1m | acropore vivant | P. japonicus | 3 |
| | Passe | Ambodilaitra | 1,2m | bloc rocheux | P. penicillatus | 1 |
| 05 dec 2003 | ZUC Manambia | Marofototra | 5m | coraux vivants | P. versicolor | 1 |
| 05 dec 2003 | ND Antsorikisoihy | Marofototra | 1,2m | porites massif | P. versicolor | 1 |
| 06 dec 2003 | ZUC Manambia | Marofototra | 2 à 6m | variées | - | - |
| 07 dec 2003 | ZUC Anaravana | Marofototra | 3,5m | porites vivant | P. versicolor | 2 |
| | | Marofototra | 5,4m | porites vivant | P. versicolor | 1 |
| | | Marofototra | 1,8m | porites mort | P. versicolor | 1 |
| 08 dec 2003 | ND Antsorikisoihy | Marofototra | 1,1m | roche granitique | P. japonicus | 1 |
| | ND Antsorikisoihy | Marofototra | 1,3m | roche granitique | P. penicillatus | 1 |
| | ND Antsorikisoihy | Marofototra | 1m | roche granitique | P. penicillatus | 1 |
| | ND Antsorikisoihy | Marofototra | 3,2m | roche granitique immergée et coraux vivants | P. versicolor | 1 |
| 10 dec 2003 | Maroantoko | Marofototra | 3,6m | roche granitique immergée et coraux vivants | P. versicolor | 1 |
| | Maroantoko | Marofototra | 1,5m | débris corallien mort | P. versicolor | 1 |
| 12 dec 2003 | Antalaviana | Marofototra | 1,8m | corail massif mort | P. penicillatus | 1 |
| | Ampatrana | Marofototra | 2,1m | roche granitique | | 1 |
| | Maroantoko | Marofototra | 2,4m | bloc corallien mort, coraux vivants et | P. versicolor | 1 |

| | | | | algues | | |
|---|---|---|---|---|---|---|
| 08 fev 2003 | ZUC Tanjona, zone de déferlement | PM Tanjona | 1,5m | corail massif | *P. japonicus* | 4 |
| | | PM Tanjona | 0,5m | roche friable | *P. japonicus* | 1 |
| | ZUC Tanjona, fausse Passe | PM Tanjona | 0,5m | roche friable | *P. japonicus* | 1 |
| 10 fev 2003 | ND Ankarananivo, zone de déferlement | PM Tanjona | 0,4m | roche dur | *P. penicillatus* | 4 |
| | ND Ankarananivo, zone de déferlement | PM Tanjona | 1m | roche dur | *P. penicillatus* | 1 |
| | ND Ankarananivo, zone de déferlement | PM Tanjona | 1m | roche dur | *P. penicillatus* | 11 |
| | ND Ankarananivo, zone de déferlement | PM Tanjona | 0,4m | roche dur | *P. penicillatus* | 1 |
| 11 fev 2003 | Zone de déferlement | PM Tanjona | 1m | roche dur | *P. penicillatus* | 1 |
| 12 fev 2003 | zone des herbiers | PM Tanjona | 1,2m | débris corallien mort | *P. ornatus* | 1 |
| | Passe | PM Tanjona | 6m | corail vivant | *P. ornatus* | 1 |
| 16 fev 2003 | grande Passe | PM Masoala | 1,3m | roche massif et coraux vivants | *P. japonicus, P. penicillatus* | 2 |
| | Zone de déferlement | PM Masoala | 0,9m | bloc rocheux | *P. penicillatus* | |
| | Zone de déferlement | PM Masoala | 1,3m | bloc rocheux | *P. versicolor* | |
| 18 fev 2003 | bordure Passe | PM Masoala | 0,6m | bloc rocheux plate | *P. japonicus* | 5 |
| 22 fev 2003 | Zone de déferlement | PM Masoala | 1m | roche dur | *P. penicillatus* | 1 |
| | Zone de déferlement | PM Masoala | 0,5m | roche dur plate | *P. penicillatus* | 2 |
| | Zone de déferlement | PM Masoala | 0,7m | roche dur plate | *P. penicillatus* | 1 |

| | | Zone de déferlement | PM Masoala | 0,9m | roche dur plate | *P. penicillatus* | 1 |
| | | Zone de déferlement | PM Masoala | 0,5m | roche dur plate | *P. penicillatus* | 1 |
| 24 fev 2003 | | zone des herbiers | PM Masoala | 0,8m | corail vivant | *P. ornatus* | 1 |
| | | zone des herbiers | PM Masoala | 0,6m | roche massif | *P. ornatus* | 1 |
| | | zone des herbiers | PM Masoala | 0,6m | roche massif et coraux vivants | *P. ornatus* | 1 |
| | | Zone de déferlement | PM Masoala | 1,2m | roche friable | *P. japonicus* | 3 |
| | | Zone de déferlement | PM Masoala | 0,7m | roche dur | *P. penicillatus* | 5 |

ZUC = Zone à Utilisation Contrôlée
ND = Noyau Dur

## ANNEXE IV

**Tableau 01 :** Distribution de fréquence de la *P penicillatus* pour chaque classe de taille

| LCT (mm) | Fréquence | Pourcentage (%) |
|---|---|---|
| 40 - 49 | 5 | 1,04 |
| 50 - 59 | 46 | 9,60 |
| 60 - 69 | 95 | 19,83 |
| 70 - 79 | 134 | 27,97 |
| 80 - 89 | 102 | 21,29 |
| 90 - 99 | 43 | 8,98 |
| 100 - 109 | 17 | 3,55 |
| 110 - 119 | 15 | 3,13 |
| 120 - 129 | 9 | 1,88 |
| 130 - 139 | 4 | 0,84 |
| 140 - 149 | 4 | 0,84 |
| 150 - 159 | 2 | 0,42 |
| 160 - 169 | 2 | 0,42 |
| 170 - 179 | 1 | 0,21 |
| **Total** | **479** | 100,00 |

**Tableau 02 :** Proportions des sexes par classe de taille de la *P penicillatus*

| LCT (mm) | NOMBRE | | POURCENTAGE | |
|---|---|---|---|---|
| | Male | Femelle | Male | Femelle |
| 40 - 49 | 5 | 0 | 100,00 | 0,00 |
| 50 - 59 | 21 | 25 | 45,65 | **54,35** |
| 60 - 69 | 44 | 51 | 46,32 | **53,68** |
| 70 - 79 | 58 | 76 | 43,28 | **56,72** |
| 80 - 89 | 43 | 59 | 42,16 | **57,84** |
| 90 - 99 | 21 | 22 | 48,84 | **51,16** |
| 100 - 109 | 9 | 8 | 52,94 | 47,06 |
| 110 - 119 | 10 | 5 | 66,67 | 33,33 |
| 120 - 129 | 4 | 5 | 44,44 | 55,56 |
| 130 - 139 | 4 | 0 | 100,00 | 0,00 |
| 140 - 149 | 4 | 0 | 100,00 | 0,00 |
| 150 - 159 | 2 | 0 | 100,00 | 0,00 |
| 160 - 169 | 2 | 0 | 100,00 | 0,00 |
| 170 - 179 | 1 | 0 | 100,00 | 0,00 |
| **Total** | **228** | **251** | 47,60 | 52,40 |

**Tableau 03** : Proportion mensuelle des mâles et des femelles

| MOIS | NOMBRE | | PORCENTAGE | |
|---|---|---|---|---|
| | Male | Femelle | Male | Femelle |
| Sept-03 | 17 | 18 | 48,57 | 51,43 |
| Oct-03 | 43 | 41 | 51,19 | 48,81 |
| Nov-03 | 66 | 64 | 50,77 | 49,23 |
| Déc-03 | 53 | 70 | 43,09 | 56,91 |
| Janv-04 | 34 | 42 | 44,74 | 55,26 |
| Fév-04 | 15 | 16 | 48,39 | 51,61 |
| **TOTAL** | **228** | **251** | | |

**Tableau 04** : Distribution des femelles ovées pour chaque classe de taille

| LCT (mm) | Femelles échantillonnées | | |
|---|---|---|---|
| | Mesurées | Ovées | Pourcentage |
| 40 - 49 | 0 | 0 | - |
| 50 - 59 | 25 | 4 | 16,00 |
| 60 - 69 | 51 | 16 | 31,37 |
| **70 - 79** | **76** | **41** | **53,95** |
| 80 - 89 | 59 | 32 | 54,23 |
| 90 - 99 | 22 | 10 | 45,45 |
| 100 - 109 | 8 | 3 | 37,5 |
| 110 - 119 | 5 | 2 | 40,00 |
| 120 - 129 | 5 | 2 | 40,00 |
| 130 - 139 | 0 | 0 | - |
| 140 - 149 | 0 | 0 | - |
| 150 - 159 | 0 | 0 | - |
| 160 - 169 | 0 | 0 | - |
| 170 - 179 | 0 | 0 | - |
| Total | **251** | **110** | |

**Tableau 05** : Fréquence mensuelle des femelles ovées

| MOIS | Femelles échantillonnées | | |
|---|---|---|---|
| | Total | Ovées | Pourcentage |
| Sept-03 | 18 | 5 | 27,78 |
| Oct-03 | 41 | 16 | 39,02 |
| Nov03 | 64 | 31 | 48,44 |
| Déc-03 | 70 | 32 | 45,71 |
| Janv-04 | 42 | 20 | 47,62 |
| Fév-04 | 16 | 6 | 37,50 |
| **TOTAL** | **251** | **110** | **43,82** |

## ANNEXE V

Tableau du Test de WILCOXON

| Mois | Activité n° | Nombre | | Total | Différence | | Rang |
|---|---|---|---|---|---|---|---|
| | | Male | Femelle | | Brute | Arrangés | |
| SEPT 03 | 1 | 3 | 3 | 6 | 0 | 1 | 4 |
| | 2 | 6 | 8 | 14 | -2 | 1 | 4 |
| | 3 | 8 | 7 | 15 | 1 | 1 | 4 |
| OCT 03 | 4 | 3 | 2 | 5 | 1 | 1 | 4 |
| | 5 | 3 | 7 | 10 | -4 | 1 | 4 |
| | 6 | 8 | 12 | 20 | -4 | -1 | 4 |
| | 7 | 4 | 3 | 7 | 1 | -1 | 4 |
| | 8 | 9 | 6 | 15 | 3 | 2 | 9 |
| | 9 | 8 | 4 | 12 | 4 | -2 | 9 |
| | 10 | 8 | 7 | 15 | 1 | -2 | 9 |
| NOV 03 | 11 | 8 | 14 | 22 | -6 | 3 | 13 |
| | 12 | 28 | 24 | 52 | 4 | 3 | 13 |
| | 13 | 19 | 18 | 37 | 1 | 3 | 13 |
| | 14 | 11 | 8 | 19 | 3 | 3 | 13 |
| DEC 03 | 15 | 14 | 15 | 29 | -1 | -3 | 13 |
| | 16 | 18 | 14 | 32 | 4 | 4 | 19 |
| | 17 | 3 | 1 | 4 | 2 | 4 | 19 |
| | 18 | 1 | 2 | 3 | -1 | 4 | 19 |
| | 19 | 5 | 9 | 14 | -4 | -4 | 19 |
| | 20 | 2 | 8 | 10 | -6 | -4 | 19 |
| | 21 | 10 | 21 | 31 | -11 | -4 | 19 |
| JANV 04 | 22 | 10 | 13 | 23 | -3 | -4 | 19 |
| | 23 | 12 | 9 | 21 | 3 | 5 | 23 |
| | 24 | 11 | 8 | 19 | 3 | -6 | 24,5 |
| | 25 | 1 | 12 | 13 | -11 | -6 | 24,5 |
| FEV 04 | 26 | 2 | 4 | 6 | -2 | -11 | 26,5 |
| | 27 | 2 | 6 | 8 | -4 | -11 | 26,5 |
| | 28 | 11 | 6 | 17 | 5 | | |
| | TOTAL | 228 | 251 | 479 | | | |

n = 27
M = P (théorique) = 189
$M_{calculé}$ = 217
$P_{calculé}$ = 161

## ANNEXE VI

### Tableau de calcul de la C.P.U.E

| Date | Village | Nombre | | Durée pêche (nuit) | Poids capture (g) | Capture (en g) par | | | Moyenne (en g) par | | |
|------|---------|--------|---|------|------|------|------|------|------|------|------|
| | | Filet | Pcr | | | Filet/pcr/pêche | Pêche | Pcr/pêche | Filet/pcr/pêche | Pêche | Pcr/pêche |
| 21/09 | Namantoana | 3 | 1 | 1 | 2 900 | 966,67 | 2 900 | 2 900 | 704,00 | 2 324,17 | 2 324,17 |
| 23/09 | Namantoana | 2 | 1 | 1 | 1 900 | 950,00 | 1 900 | 1 900 | | | |
| 29/09 | Namantoana | 5 | 1 | 3 | 4 340 | 289,33 | 1 447 | 1 447 | | | |
| 10/10 | Namantoana | 5 | 1 | 2 | 6 100 | 610,00 | 3 050 | 3 050 | | | |
| 14/11 | Ankoalahidy | 13 | 1 | 1 | 1 140 | 87,69 | 1 140 | 1 140 | 276,74 | 5 763,64 | 4 528,18 |
| 15/11 | Ankoalahidy | 15 | 1 | 1 | 5 100 | 340,00 | 5 100 | 5 100 | | | |
| 17/11 | Ankoalahidy | 15 | 1 | 1 | 4 760 | 317,33 | 4 760 | 4 760 | | | |
| 19/11 | Ankoalahidy | 15 | 1 | 1 | 4 980 | 332,00 | 4 980 | 4 980 | | | |
| 19/11 | Ankoalahidy | 22 | 2 | 1 | 9 220 | 209,55 | 9 220 | 4 610 | | | |
| 20/11 | Ankoalahidy | 15 | 1 | 1 | 6 200 | 413,33 | 6 200 | 6 200 | | | |
| 20/11 | Ankoalahidy | 22 | 2 | 1 | 5 100 | 115,91 | 5 100 | 2 550 | | | |
| 21/11 | Ankoalahidy | 22 | 2 | 1 | 6 260 | 142,27 | 6 260 | 3 130 | | | |
| 21/11 | Ankoalahidy | 15 | 1 | 1 | 10 340 | 689,33 | 10 340 | 10 340 | | | |
| 22/11 | Ankoalahidy | 15 | 1 | 1 | 3 700 | 246,67 | 3 700 | 3 700 | | | |
| 22/11 | Ankoalahidy | 22 | 2 | 1 | 6 600 | 150,00 | 6 600 | 3 300 | | | |
| 23/12 | Ratsianarana | 9 | 1 | 1 | 3 260 | 362,22 | 3 260 | 3 260 | 261,83 | 1 648,33 | 1 648,33 |
| 23/12 | Ratsianarana | 6 | 1 | 1 | 2 720 | 453,33 | 2 720 | 2 720 | | | |
| 23/12 | Ratsianarana | 8 | 1 | 1 | 1 080 | 135,00 | 1 080 | 1 080 | | | |
| 24/12 | Ratsianarana | 10 | 1 | 1 | 2 260 | 226,00 | 2 260 | 2 260 | | | |
| 24/12 | Ratsianarana | 8 | 1 | 1 | 340 | 42,50 | 340 | 340 | | | |
| 24/12 | Ratsianarana | 6 | 1 | 1 | 2 480 | 413,33 | 2 480 | 2 480 | | | |
| 24/12 | Ratsianarana | 8 | 1 | 1 | 1 400 | 175,00 | 1 400 | 1 400 | | | |
| 29/01 | Ratsianarana | 3 | 1 | 1 | 1 100 | 366,67 | 1 100 | 1 100 | | | |
| 30/01 | Ratsianarana | 5 | 1 | 1 | 900 | 180,00 | 900 | 900 | | | |
| 31/01 | Ratsianarana | 7 | 1 | 1 | 1 140 | 162,86 | 1 140 | 1 140 | | | |
| 01/02 | Ratsianarana | 7 | 1 | 1 | 1 400 | 200,00 | 1 400 | 1 400 | | | |
| 01/02 | Ratsianarana | 4 | 1 | 1 | 1 700 | 425,00 | 1 700 | 1 700 | | | |
| 27/12 | Ambodirafia | 33 | 2 | 1 | 8 420 | 127,58 | 8 420 | 4 210 | 176,75 | 6 567,00 | 3 283 |
| 28/12 | Ambodirafia | 9 | 2 | 1 | 4 980 | 276,67 | 4 980 | 2 490 | | | |
| 29/12 | Ambodirafia | 25 | 2 | 1 | 6 300 | 126,00 | 6 300 | 3 150 | | | |
| 19/01 | Maharavo | 14 | 1 | 1 | 8 400 | 600,00 | 8 400 | 8 400 | 524,92 | 9 155,00 | 8 152,50 |
| 19/01 | Maharavo | 10 | 1 | 1 | 7 100 | 710,00 | 7 100 | 7 100 | | | |
| 19/01 | Maharavo | 18 | 1 | 1 | 9 600 | 533,33 | 9 600 | 9 600 | | | |
| 20/11 | Maharavo | 16 | 1 | 1 | 7 900 | 493,75 | 7 900 | 7 900 | | | |
| 20/11 | Maharavo | 13 | 1 | 1 | 7 400 | 569,23 | 7 400 | 7 400 | | | |
| 20/11 | Maharavo | 16 | 1 | 1 | 9 700 | 606,25 | 9 700 | 9 700 | | | |
| 22/11 | Maharavo | 16 | 1 | 1 | 7 100 | 443,75 | 7 100 | 7 100 | | | |
| 22/11 | Maharavo | 33 | 2 | 1 | 16 040 | 243,03 | 16 040 | 8 020 | | | |
| **MOYENNE** | | 13 | 1 | | 5 036 | 361,36 | 4 879 | 4 051 | | | |

pcr = pêcheur

## ANNEXE VII
## QUELQUES POIDS DURANT LA VENTE DES PECHEURS A ANTALAHA

| Date | Pêcheur | Désignation du produit | Prix d'achat (en Fmg) | Poids (en kg) |
|---|---|---|---|---|
| 01-juin-02 | A | langouste entière | | 23 |
| 04-juil-02 | A | langouste entière | | 35 |
| 20-juil-02 | A | langouste entière | | 32,5 |
| 18-août-02 | A | langouste entière | | 55 |
| 01-janv-03 | B | langouste entière | 40 000 | 0,6 |
| | | queue de langouste | 17 500 | 43,5 |
| 13-mai-03 | B | langouste entière | 17 500 | 16,5 |
| | | queue de langouste | 40 000 | 0,6 |
| 03-juin-03 | B | langouste entière | 17 500 | 54 |
| | | queue de langouste | 40 000 | 3 |
| 21-juin-03 | B | langouste entière | 17 500 | 16,5 |
| | | queue de langouste | 40 000 | 1 |
| Sans date | C | langouste entière | - | 44,5 |
| | | queue de langouste | - | 8,5 |
| 19-sept-98 | C | queue de langouste | - | 14,5 |
| 12-mai-00 | C | queue de langouste | - | 13 |
| 28-mai-00 | C | queue de langouste | - | 13 |
| 07-juin-00 | C | queue de langouste | - | 20 |
| 20-juin-00 | C | queue de langouste | - | 8 |
| 23-juin-00 | C | queue de langouste | - | 6 |
| 31 dec 2000 | C | queue de langouste | - | 10 |
| 22-mai-02 | C | queue de langouste | - | 19,4 |
| 28-avr-03 | D | langouste entière | 17 500 | 32,5 |
| | | queue de langouste | 40 000 | 0,6 |
| 09-mai-03 | D | langouste entière | 17 500 | 29 |
| | | queue de langouste | 40 000 | 0,4 |
| 22-mai-03 | D | langouste entière | 17 500 | 34,8 |
| | | queue de langouste | 40 000 | 17 |
| 03-juin-03 | D | langouste entière | 17 500 | 35,2 |
| | | queue de langouste | 40 000 | 22 |
| 26-oct-03 | E | langouste entière | 17 500 | 45 |
| | | queue de langouste | 40 000 | 3,5 |
| 13-nov-03 | E | langouste entière | 17 500 | 49,6 |
| | | queue de langouste | 40 000 | 2,8 |
| 22 dec 2003 | E | langouste entière | 17 500 | 41 |
| | | queue de langouste | 40 000 | 7,5 |
| sans date | E | langouste entière | 17 500 | 10,3 |
| | | queue de langouste | 40 000 | 1,6 |

# I want morebooks!

Buy your books fast and straightforward online - at one of world's fastest growing online book stores! Environmentally sound due to Print-on-Demand technologies.

Buy your books online at
**www.morebooks.shop**

Achetez vos livres en ligne, vite et bien, sur l'une des librairies en ligne les plus performantes au monde!
En protégeant nos ressources et notre environnement grâce à l'impression à la demande.

La librairie en ligne pour acheter plus vite
**www.morebooks.shop**

KS OmniScriptum Publishing
Brivibas gatve 197
LV-1039 Riga, Latvia
Telefax: +371 686 204 55

info@omniscriptum.com
www.omniscriptum.com

Printed by Books on Demand GmbH, Norderstedt / Germany